动物
百科

有害动物

动物百科编委会　编著

中国大百科全书出版社

图书在版编目（CIP）数据

动物百科. 有害动物 / 动物百科编委会编著. --
北京：中国大百科全书出版社，2025. 1. -- ISBN 978
-7-5202-1807-8

Ⅰ. Q95-49

中国国家版本馆 CIP 数据核字第 2024AM1911 号

总　策　划：刘　杭　　郭继艳
策划编辑：张会芳
责任编辑：李昊翔
责任校对：闵　娇
责任印制：王亚青
出版发行：中国大百科全书出版社有限公司
地　　　址：北京市西城区阜成门北大街 17 号
邮政编码：100037
电　　　话：010-88390811
网　　　址：http://www.ecph.com.cn
印　　　刷：唐山富达印务有限公司
开　　　本：710mm×1000mm　1/16
印　　　张：10
字　　　数：100 千字
版　　　次：2025 年 1 月第 1 版
印　　　次：2025 年 1 月第 1 次印刷
书　　　号：ISBN 978-7-5202-1807-8
定　　　价：48.00 元

总　序

这是一套面向大众、根植于《中国大百科全书》第三版（以下简称百科三版）的百科通俗读物。

百科全书是概要记述人类一切门类知识或某一门类知识的完备的工具书。它的主要作用是供人们随时查检需要的知识和事实资料，还具有扩大读者知识视野和帮助人们系统求知的教育作用，常被誉为"没有围墙的大学"。简而言之，它是回答问题的书，是扩展知识的书。

中国大百科全书出版社从 1978 年起，陆续编纂出版了《中国大百科全书》第一版、第二版和第三版。这是我国科学文化建设的一项重要基础性、标志性、创新性工程，是在百年未有之大变局和中华民族伟大复兴全局的大背景下，提升我国文化软实力、提高中华文化国际影响力的一项重要举措，具有重大的现实意义和深远的历史意义。

百科三版的编纂工作经国务院立项，得到国家各有关部门、全国科学文化研究机构、学术团体、高等院校的大力支持，专家、学者 5 万余人参与编纂，代表了各学科最高的专业水平。专家、作者和编辑人员殚精竭虑，按照习近平总书记的要求，努力将百科三版建设成有中国特色、有国际影响力的权威知识宝库。截至 2023 年底，百科三版通过网站（www.zgbk.com）发布了 50 余万个网络版条目，并陆续出版了一批纸质版学科卷百科全书，将中国的百科全书事业推向了一个新的高度。

重文修武，耕读传家，是我们中国人悠久的文化传承。作为出版人，我们以传播科学文化知识为己任，希望通过出版更多优秀的出版物来落实总书记的要求——推动文化繁荣、建设中华民族现代文明，努力建设中国式现代化强国。

为了更好地向大众普及科学文化知识，我们从《中国大百科全书》第三版中选取一些条目，通过"人居环境""科学通识""地球知识""工艺美术""动物百科""植物百科""渔猎文明""交通百科"等主题结集成册，精心策划了这套大众版图书。其中每一个主题包含不同数量的分册，不仅保持条目的科学性、知识性、准确性、严谨性，而且具备趣味性、可读性，语言风格和内容深度上更适合非专业读者，希望读者在领略丰富多彩的各领域知识之时，也能了解到书中展示的科学的知识体系。

衷心希望广大读者喜爱这套丛书，并敬请对书中不足之处给予批评指正！

《中国大百科全书》编辑部

"动物百科"丛书序

　　全球已知有 150 多万种动物，包括原生动物、多孔动物、刺胞动物、扁形动物、线形动物、苔藓动物、环节动物、软体动物、节肢动物、棘皮动物、脊索动物等，个体小至由单细胞构成的原生动物，大至体长可达 30 多米的脊索动物蓝鲸，分布于地球上所有海洋、陆地，包括山地、草原、沙漠、森林、农田、水域以及两极在内的各种生境，成为自然环境不可分割的组成部分。

　　除根据动物分类学将动物分类外，还可根据动物的种群数量、生活环境、对人类的利弊、生物习性等进行分类。有的动物已经灭绝，有的动物仍然现存。但现存动物中一部分已经处于濒危、近危、易危状态，需要我们积极保护。还有一部分大量存在的动物，有的于人类相对有益，如家畜、家禽、鱼虾蟹贝类、传粉昆虫、害虫的天敌等，是人类的食物来源和工业、医药业的原料，给人类的生存和发展带来了巨大利益；有一些动物（如猫、狗）是人类的伴侣，还有一些动物可供观赏。有些动物于人类相对有害，破坏人类的生产活动（如害虫、害兽）或给人类带来严重的疾病。动物的生活环境也不尽相同，有终生生活在陆地上的陆生动物，有水陆两栖的两栖动物，有终生生活在水中的水生动物，其中水生动物还可分为淡水动物和海水动物。此外，自然界的动物习性多样，有的有迁徙（洄游）习性，有的有冬眠习性。

　　为便于读者全面地了解各类动物，编委会依托《中国大百科全书》

第三版生物学、渔业、植物保护学、畜牧学等学科内容，组织策划了"动物百科"丛书，编为《灭绝动物》《保护动物》《有益动物》《有害动物》《常见淡水动物》《常见海水动物》《畜禽动物》《迁徙动物》《冬眠动物》等分册，图文并茂地介绍了各类动物。必须解释的是，动物的有害和有益是相对的，并非绝对的；动物的灭绝与否、受保护等级等也会随着时间发生变化，本丛书以当前统计结果为依据精选了相关的内容。因受篇幅限制，各类动物仅收录了相对常见的类型及种类。

　　希望这套丛书能够让更多读者了解和认识各类动物，引起读者对动物的关注和兴趣，起到传播科学知识的作用。

动物百科丛书编委会

目　录

第2章 害鼠 41

第3章 入侵动物 69

第1章

卫生害虫

白纹伊蚊

白纹伊蚊是双翅目蚊科伊蚊属的一种。又称亚洲虎蚊、花斑蚊等。

◆ 地理分布

白纹伊蚊在中国广泛分布；在国际上，遍布东南亚，已扩散至除南极洲外的其他各大洲。

◆ 形态特征

白纹伊蚊的体表有明显的白色条纹，其拉丁本名来源于"alb"，意为"白的"，因此被称为白纹伊蚊。白纹伊蚊是小型到中型蚊虫，头鳞典型，喙比前股略长，暗褐色。盾片有中央银白纵条，翅基前有一银白宽鳞簇；后跗节 1 ～ 4 基部有白环，跗节 5 白色。腹节背板黑色，节Ⅰ侧背片覆盖白鳞，节Ⅱ～Ⅶ有基白带和侧白斑，基带两端加宽但不和侧斑相连。腹板节Ⅱ～Ⅲ全部或大部分白色，节Ⅳ～Ⅴ基白带宽，节Ⅵ有亚基白带，节Ⅶ腹板黑色而仅有少数侧白斑。雄蚊尾器腹节Ⅸ背板山峰状，有 1 个不同程度的中央凸起，侧叶远离，各具 4 ～ 8 根刚毛。抱肢基节长约为宽的 2.5 倍，背基内区有 1 片刚毛，约 10 根。抱肢端节比基节略短，末端略为膨大有细刚毛。小抱器发达具很多刚毛。幼虫栉

齿基部具细缘，尾鞍不完全，腹
毛 1- Ⅶ通常分 4 枝，2- Ⅶ通常
单枝。

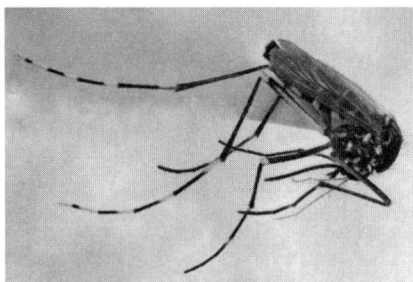

白纹伊蚊成虫

◆ **生物学习性**

白纹伊蚊的幼虫在竹林、橡胶
林、容器积水及废弃轮胎蓄水等生
境中大量滋生，成蚊昼行性，雌蚊具有强的攻击性和吸血能力，卵具有
抗逆境和越冬能力，发育周期短，卵孵化后，条件适宜 7 ～ 8 天可完成
羽化。种群数量随温度变化明显，夏季是种群爆发期，中国南方爆发期
要长于北方。

◆ **危害**

白纹伊蚊是重要的媒介昆虫，是东南亚登革热（dengue fever）和
奇昆古尼亚热（Chikungunya fever）等疾病的重要传播媒介。对人们的
骚扰也很大，影响生产作业。

◆ **防治措施**

搞好环境卫生，消灭滋生水源场所是防治白纹伊蚊的基本措施，白
纹伊蚊主要为卵越冬，春季杀灭效果更佳。

臭　虫

臭虫是有一对臭腺，能分泌异常臭液的寄生虫。在人居室内繁殖，
嗜吸人血。古时又称床虱、壁虱。臭虫的臭腺有防御天敌和促进交配之
用。臭虫爬过的地方，都留下难闻的臭气，故名臭虫。

◆ 地理分布

中国的常见种类是臭虫属的温带臭虫和热带臭虫。前者因抗寒性较强，分布遍及全中国；后者抗寒性较弱，分布局限于中国南方的热带和亚热带地区。

◆ 形态特征

臭虫的成虫背腹扁平，宽椭圆形，红棕色，遍体生有粗短毛。雌虫长约 5 毫米，宽约 3 毫米，雄虫略小于雌虫。头两侧有凸出的复眼 1 对，触角 1 对，分 4 节，能弯曲。口器刺吸式，不吸血时弯向胸部腹面的纵沟内。胸 3 节，前胸明显，背板隆起，前缘有不同程度的凹陷，通常温带臭虫凹入深，热带臭虫凹入浅；中胸背板三角形，附着 1 对翅基；后胸背板大部被翅基遮盖。胸部腹面有 3 对足，在中、后足基节间各有 1 个新月形的臭腺孔，受惊扰时，分泌独特的臭气。腹部 10 节组成，仅见 8 节，雌虫腹部第五节腹面右侧有一三角形凹陷，为交合口，称柏氏器（organ of Berless）。雄虫腹部第 9 节有镰刀状交尾器。虫卵长约 1 毫米，淡黄色，椭圆形，具卵盖，略偏一侧。若虫与成虫相似，体形小而颜色浅，生殖器官未发育成熟。若虫须经 5 龄期蜕皮，刚蜕皮时体色乳白，以后渐变褐色。

◆ 生物学习性

臭虫贪食，吸血量可超过自身体重的 1～2 倍。隐藏在高处的臭虫常采取从高处如屋顶、帐顶落下的方法，落于人体上吸血。吸血时并不爬在人的皮肤上，而是停在紧贴皮肤的被褥、衣服或家具上。臭虫的栖息处常有许多棕褐色的粪迹。臭虫为群居习性，怕光，多在夜间寻求血食，其高峰在人就寝后 1～2 小时和拂晓前一段时间。爬行甚快，每分钟达 1～2.1 米，易散播。成虫耐饥力强，可长达半年多，若虫也可存活 30～70 天。成虫寿命 1 年或 1 年半。温带臭虫适宜的生长温度为 28～29℃，热带臭虫为 32～33℃。

◆ **生活史特征**

臭虫的生活史为不完全变态，分卵、若虫和成虫 3 个时期。若虫在蜕皮前必须吸血 1 次以上。臭虫的雌雄成虫和若虫均吸血。成虫必须吸血才能产卵，常产于床板、褥垫、蚊帐四角、墙壁、墙纸、地板及木器家具的缝隙中。臭虫繁殖力强，1 年 4～5 代，繁殖代数也视血食、温度和湿度的情况而定。

◆ **危害**

臭虫对人的危害，主要是吸血骚扰，影响睡眠。其叮刺时将唾液注入皮内，可使敏感性较高的人瘙痒难忍，局部出现红肿丘疹，挠破皮肤可造成继发性感染。若长期被大量臭虫叮咬吸血可引起贫血或神经衰弱。

猪巨吻棘头虫

猪巨吻棘头虫是寡棘吻科巨吻棘头虫属一种寄生虫。

◆ **地理分布**

猪巨吻棘头虫在中国分布于南、北方各地区。世界各大洲广泛分布。

◆ **形态特征**

猪巨吻棘头虫的成虫体长 80～100 厘米。体近蛭形，分吻、颈、躯干 3 个部分。吻位于身体前端，能自由伸缩，吻上有 4 枚倒生的小钩，用以附着在组织上。虫卵椭圆形，棕褐色，卵壳厚，一端闭合不全，呈透明状，易破裂。成熟卵内含 1 个具有小钩的幼虫（棘头蚴）。

◆ **生物学习性**

猪巨吻棘头虫主要寄生在猪小肠内，偶可寄生于人体，引起猪巨吻棘头虫病。中间宿主为昆虫（天牛、金龟子等甲虫）。成虫可寄生于人体回肠的中下部，虫数一般 1 ～ 2 条。棘头虫以吻钩附于肠黏膜上，造成黏膜组织充血、出血、坏死并形成溃疡。随后由于结缔组织增生，局部形成棘头虫结节。若虫体损伤达肠壁深层，也易造成肠穿孔，引起局限性腹膜炎。患者早期症状不明显，可有食欲不振、乏力等；随着虫体代谢产物等毒性物质被吸收，患者可出现消瘦、贫血、腹泻、阵发性腹痛，以及恶心、呕吐、失眠、夜惊等神经精神症状。

◆ **危害**

根据流行病学史及临床表现，诊断性驱虫或经急症手术发现虫体是确诊猪巨吻棘头虫病的依据。中国已报道数百例。因猪巨吻棘头虫在人体内多不能发育成熟，故人作为本病的传染源的意义不大。猪是重要的传染源。预防措施包括做好宣传教育，不捕食甲虫；加强猪饲养管理，猪粪应经无害化处理后再使用。治疗药物可选用阿苯达唑和甲苯达唑。出现并发症者，应及时手术治疗。

线　虫

线虫是线形动物门的一类动物。

◆ 形态特征

线虫大体呈圆柱形，体不分节，两侧对称，雌雄异体，一般雄虫较雌虫为小。因体壁与体内器官之间没有体腔膜的腔隙，故被称为假体腔。假体腔内充满液体，各器官浸浴其中。体壁自外向内，由角皮层、皮下层及纵肌层3个部分所组成。角皮层系由皮下层分泌而形成的一层透明结构，在虫体前、后端及体表常可形成唇瓣、乳突、皮棘、翼膜及雄虫尾部的交合伞、交合刺等结构。角皮层内是皮下层，由合胞体组成，沿腹面、背面及两侧的中线向内增厚形成4条纵索，背索和腹索内有神经干，侧索内有排泄管。纵肌层位于皮下层之内，为单一的肌层，被纵索分隔为4个区间。根据肌细胞的大小和数目可将其分为3种类型：肌细胞多而长的称为多肌型（如蛔虫），肌细胞大而少的称为少肌型（如蛲虫、钩虫），肌细胞细而密的称为细肌型（如鞭虫）。

线虫消化系统呈管状，由口孔、口腔、咽管、中肠及直肠组成。排泄系统多为管形，一般有1对排泄管，位于侧索中，由1个短横管相连成H形或U形，排泄孔开口于咽管附近腹面的正中线上。环绕于咽部的神经环为神经系统的中枢，由这里向前发出3对神经干，其分支分布于乳突及头感器；向后发出3～4对神经干，其中背、侧神经干分别控制虫体运动和感觉，腹神经干兼具这两种功能。线虫的感觉器官主要是乳突和感器（包括头感器和尾感器），可对机械性或化学性的刺激起反应。

线虫的生殖器官都是细长而盘曲的管形，各部互相连贯。雄性生殖器系单管，由睾丸、输精管、贮精囊及射精管连贯组成，其末端与肛门连合成为泄殖腔。大多数雄虫具有交合刺，单一或成对，同型或不同型，自虫体背面入泄殖腔中，其起始部有肌肉牵引。雌性生殖器官多为双管型，也有单管型，包括卵巢、输卵管、受精囊、子宫、排卵管、阴道及阴门。

◆ 生活史特征

线虫分卵、幼虫及成虫 3 个发育阶段。多数虫种的幼虫在发育过程中需要蜕皮，一般经 4 次蜕皮后发育为成虫。

人体寄生线虫的生活史可分为土源性线虫和生物源性线虫。土源性线虫完成生活史不需要中间宿主，在肠道里寄生的线虫大多数不需要中间宿主。多数线虫的产卵方式系产生含有卵细胞或含有幼虫的虫卵，个别的则直接产出幼虫。生物源性线虫完成生活史需要中间宿主，在组织里寄生的线虫大多数需要中间宿主其幼虫在昆虫体内发育为感染性幼虫，当昆虫吸血时感染性幼虫便可侵入人体。

◆ 危害

线虫种类繁多。其中仅少部分营寄生生活。寄生于人体的线虫主要属于线虫纲，常见的能导致人体严重疾患的有十多种。各种线虫成虫在宿主体内的寄生部位、方式及食物的主要来源各不相同。蛔虫寄生于肠腔中以肠内容物为食；钩虫以钩齿或板齿附着于肠黏膜上，吸食血液及组织液；旋毛虫、丝虫可钻入肠黏膜或其他组织，以组织液和体液为食。线虫成虫的食物来源虽有不同，但它们获取能量的途径主要是通过糖类代谢。

线虫对人体的危害程度与线虫的种类、寄生数量、发育阶段、寄生部位、虫体的机械和化学刺激，以及宿主的营养和免疫状态等因素有关。

通常组织内寄生线虫对人体的危害更严重，如旋毛虫幼虫可侵入心肌，引起心肌炎、心包积液，可导致死亡。

幼虫阶段的致病

钩虫幼虫侵入皮肤导致皮炎；蛔虫或钩虫的幼虫移经肺部时，可引起局部发炎，甚至引起过敏反应；旋毛虫幼虫寄生于肌肉内导致肌炎等。而幼虫还可能发生异位寄生，当侵犯重要器官时，可导致严重后果。

成虫阶段的致病

成虫引起的损害包括掠夺营养、机械性损害、化学性刺激和免疫病理损伤等。可导致宿主营养不良、组织损伤、出血、炎症等病变。

吸 虫

吸虫是吸虫纲动物的通称。

◆ 分类

寄生于人体的吸虫均属于吸虫纲复殖目。吸虫种类较多，形态各异，生活史复杂，但基本结构和生活史略同。大多数虫种为雌雄同体。

中国常见寄生于人体的复殖目吸虫有日本裂体吸虫、华支睾吸虫、异形吸虫、布氏姜片吸虫、肝片形吸虫、卫氏并殖吸虫和斯氏狸殖吸虫。

◆ 形态特征

吸虫外形为舌状或叶状，背腹扁平，两侧对称。大小因种而异，小者小于 1 毫米，大者数厘米。体壁由上皮层和肌肉层组成。在体壁与器官之间充满实质，无体腔。虫体具口吸盘和腹吸盘，均由肌纤维交织组成，口吸盘位于前端，消化道开口于其中；腹吸盘位于腹面，在口吸盘之后，两吸盘均有吸附作用。消化道由口、咽、食管、肠管组成。肠管在食管后分为两支，沿虫体两侧向后延伸，终止为盲端，无肛门。复殖目吸虫仅裂体吸虫是雌雄异体，其他均是雌雄同体。

◆ **生活史特征**

吸虫的生活史较为复杂。在生活史中需要淡水螺为中间宿主，有些吸虫还需要第二中间宿主，如鱼、蝲蛄和溪蟹等。吸虫在中间宿主体内进行幼体繁殖。成虫在终宿主体内交配受精或自体受精后产卵，虫卵随宿主粪便排出，进入水中，方能继续发育。排出的虫卵或已含毛蚴或仅含卵细胞及卵黄细胞，必须在外界发育为毛蚴。毛蚴为椭圆形，体表披纤毛，其前端有原肠及成对的腺体，皆有开口，另有排泄器官及胚细胞。毛蚴进入螺体，在淋巴系统或其他器官内发育，并进行幼体繁殖，依发育的顺序有胞蚴、雷蚴和尾蚴3个发育阶段：①胞蚴。毛蚴进入螺体后，体表纤毛脱落，体内部分器官退化，如原肠及腺体等，成为球形或囊状的胞蚴，其中胚细胞发育为若干雷蚴。②雷蚴。呈袋状，具有口腔、咽及不分叉的盲端肠管，其中胚细胞发育为若干尾蚴。③尾蚴。分体部及尾部。体部椭圆形，有口吸盘及腹吸盘、消化器官及排泄器官，并可有腺体，或有许多成囊细胞（为单细胞腺），尾单一，或长或短，或有被膜，或在尾端分叉。

有些吸虫在螺体内的发育可自胞蚴发育为子胞蚴，没有雷蚴阶段；有的自雷蚴再度发育为第二代雷蚴。不同虫种的尾蚴可以从子胞蚴、雷蚴或第二代雷蚴里形成。尾蚴发育成熟后，自螺体内逸出，有的可直接经皮肤侵入终宿主，有的则需侵入第二中间宿主。尾蚴侵入第二中间宿主或附着在其体表，脱去尾部，形成囊蚴。有些吸虫的尾蚴可在植物上成囊。

吸虫的尾蚴或囊蚴阶段为其感染阶段。进入人体的方式可分为尾蚴经皮肤钻入及囊蚴经口吞食两种。尾蚴或囊蚴进入人体后转变为童虫，童虫可直接或者经过移行至最终寄生部位，发育为成虫。

尘　螨

尘螨是真螨目蚍螨科的一类寄生虫。

◆ 分类

可诱发过敏性哮喘的主要是尘螨亚科中的尘螨属，该属通常占室内螨总数的 90% 以上。有 6 种尘螨被认为与过敏性哮喘关系最为密切，分别为屋尘螨、粉尘螨、埋内宇尘螨、微角尘螨、害鳞嗜螨及多毛螨。屋尘螨是导致尘螨过敏性哮喘最重要的螨种。

◆ 形态特征

尘螨螨体呈椭圆形，乳黄色，大小为（0.2 ～ 0.5）毫米 ×（0.1 ～ 0.4）毫米。体表有指纹状皮纹，颚体有螯肢 1 对，须肢 1 对。躯体表面有细密或粗皱的皮纹和少量刚毛。躯体背面前端有狭长的前盾板。雄螨体背后部还有 1 块后盾板，其两侧有 1 对臀盾。躯体背面前侧有 1 对长鬃，尾端有 2 对长鬃。外生殖器位于腹面中央，雌螨为产卵孔，雄螨为阳茎，其两侧有 2 对生殖乳突。雌螨具交合囊，位于躯体后端。肛门靠近后端，呈纵行裂孔，雄螨菱形肛区两侧有 1 对肛吸盘。腹部前、后部各有足 2 对，基节形成基节内突，跗节末端具爪和钟罩形爪垫。

　　中国常见的室内致敏螨种主要有屋尘螨和粉尘螨。屋尘螨主要滋生于卧室内的枕头、褥被、沙发、软垫、衣柜和家具中。雄虫大小为（240～280）微米×（155～220）微米，后盾板长大于宽。足Ⅰ与Ⅱ等粗，基节内不凸出，无胸骨。雌虫大小为（290～380）微米×（220～260）微米，形体较扁，后背中央皮纹纵行，足Ⅳ短小，足Ⅲ粗长。

　　粉尘螨在面粉厂、棉纺厂、食品仓库、中药库，以及动物饲料仓库等地大量滋生。雄虫大小为（285～360）微米×（200～245）微米；后盾板宽短；足Ⅰ特别粗短，基节Ⅰ内突相接；有胸骨。雌虫大小为（370～440）微米×（235～220）微米；体形饱满，后背中央皮纹横形，末端拱形；足Ⅳ等粗，细长。

◆ 生活史特征

　　尘螨生活史分卵、幼虫、第一期若虫、第二期若虫和成虫5个时期。温度和湿度等条件适宜时从虫卵发展为成虫约需3周。雄性尘螨存活期为2～3个月，雌性尘螨的存活期为3～5个月。尘螨生长发育的适宜温度为25±2℃，相对湿度80%左右。因此，一般在7～9月大量繁殖，秋后数量下降。

◆ 危害

　　尘螨呈世界性分布，普遍存在于人类居住和工作场所，是强烈的过敏原（变应原），可引起螨性哮喘、过敏性鼻炎、特应性皮炎，以及慢性荨麻疹等，危害人体健康。尘螨过敏性哮喘也是临床上常见的哮喘之一。

　　尘螨是诱发支气管哮喘的重要过敏原。尘螨的排泄物、分泌物和死亡

雄螨　　　雌螨　　　　　　雄螨　　　雌螨
屋尘螨　　　　　　　　　粉尘螨

尘螨

虫体的分解产物等均可作为过敏原，粪粒的致敏性最强。上述物质被分解为微小颗粒，通过铺床叠被、打扫房屋等活动，使尘埃飞扬，过敏体质者吸入后产生超敏反应。尘螨性过敏属于外源性变态反应，患者往往有家族过敏史或个人过敏史。尘螨过敏常见临床表现主要为哮喘和过敏性鼻炎。

◆ 防治措施

　　预防措施包括注意清洁卫生，经常清除室内尘埃、勤洗衣被、勤晒褥垫、卧室常通风等可防尘螨滋生繁殖。对疑为尘螨感染引起的病症者进行病原检查很困难，用尘螨浸液做皮肤过敏试验，阳性者可进行脱敏治疗，或用抗过敏药物治疗。常用的杀螨剂有 7% 尼帕净、1% 林丹、虫螨磷、甲苯酸苄酯和那他霉素等。无论采用何种制剂和方法，均应每间隔 1 ～ 2 个月重复使用 1 次。

蠕形螨

　　蠕形螨是真螨目蠕形螨科蠕形螨属的一类寄生虫。又称毛囊螨、毛囊虫。

◆ **分类与分布**

蠕形螨是一类专性寄生于人和哺乳动物毛囊和皮脂腺中的寄生虫，对宿主的特异性很强。已知的种类约 140 种。寄生人体的蠕形螨有毛囊蠕形螨和皮脂蠕形螨。

◆ **形态特征**

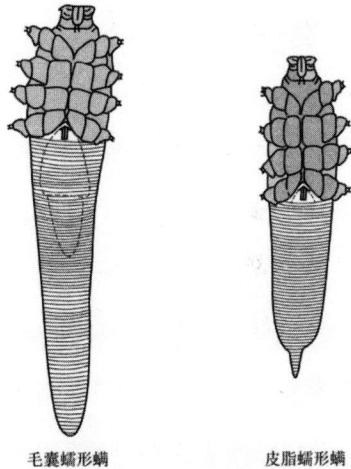

毛囊蠕形螨和皮脂蠕形螨的形态、生活史均相似。毛囊蠕形螨的躯体细长呈蛹虫状，乳白色，半透明。成虫长 0.1 ～ 0.4 毫米，雌虫略大于雄虫。虫体分颚体和躯体两部分，颚体在躯体前端，呈梯形。躯体分足体和末体两部分，足体短，有足 4 对，足粗短，

毛囊蠕形螨　　皮脂蠕形螨

毛囊蠕形螨和皮脂蠕形螨

呈芽突状；末体细长，表皮具环状横纹，末端钝圆。皮脂蠕形螨较短，末体的尾端较尖。

◆ **生活史特征**

蠕形螨的生活史分卵、幼虫、前若虫、若虫、成虫 5 个时期。生活史中不需更换宿主。毛囊蠕形螨寄生于毛囊，常多个群居。皮脂蠕形螨主要寄生于皮脂腺，常单个寄居。蠕形螨主要寄生于颜面部，额、鼻、鼻沟、头皮、颊部、颧部和外耳道，还可寄生于颈、肩背、胸部、乳头、大阴唇、阴茎和肛门等处。雌雄虫交配后雄虫死亡。完成一代生活史约需半个月，成虫寿命约 4 个月。

◆ 危害

蠕形螨寄生后多数人无症状，少数人可表现为局部炎症。蠕形螨有"颜面螨虫"之称，因为常常与多种皮肤疾患有关，如玫瑰痤疮（酒渣鼻）、黑头粉刺和其他皮肤刺激症状。研究表明，蠕形螨的致病属条件性致病，即蠕形螨的机械刺激和各种代谢、分泌产物刺激引起局部炎症，再加

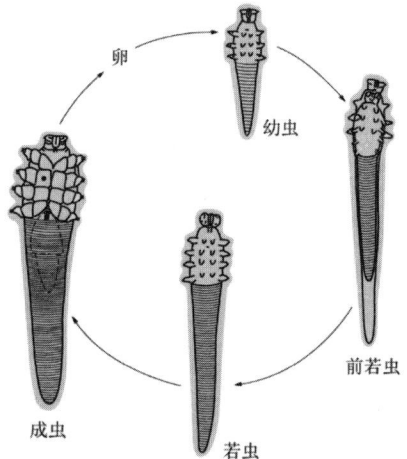

毛囊蠕形螨生活史

上机体抵抗力下降，以及细菌感染等因素而引起致病。有临床表现的患者，其蠕形螨感染率和感染程度均显著高于一般皮肤病患者和健康人。虫体寄生在毛囊和皮脂腺中，在头皮、颊部、鼻、眉毛，以及睫毛根部常见。一个雌虫在一个毛囊内可产 25 枚卵，当幼虫孵化并长大后，拥挤在毛囊内。雌性成虫发育成熟后，离开毛囊，再次交配并转移到其他毛囊产卵。在毛囊和皮脂腺中还集聚了其他代谢产物，毛囊周围的表皮增生，加重了毛囊堵塞。但是，皮肤损害主要是由于继发性细菌感染所致。

人体蠕形螨呈世界性分布，国内外报道人群感染率为 0.8%～100%，男性感染率高于女性。感染方式为通过直接或间接接触而传播。

◆ 诊断与治疗

蠕形螨感染患者可用痤疮挤压器、弯头眼科镊或手指挤压患部，将挤出物刮下置载玻片上，加一滴 50% 的甘油酒精或花生油，加盖片镜检。

人群普查常用透明胶纸粘贴方法，于临睡前将透明胶带贴于鼻尖、鼻翼、鼻沟和额部等处，次晨取下贴于载玻片上镜检，此法优于挤压法。

外用 2% 甲硝唑霜、10% 硫黄软膏、苯甲酸苄酯乳剂、二氯苯醚菊酯霜剂等治疗蠕形螨感染均有一定疗效。用药前洗温水澡可使毛囊口张大有利于药物渗入。

疥　螨

疥螨是真螨目疥螨科疥螨属的一类永久性寄生虫。又称疥虫。

◆ 形态特征

雌螨大小为（0.3 ~ 0.5）毫米 ×（0.25 ~ 0.4）毫米，雄螨略小。疥螨颚体短小，位于前端；螯肢钳状，尖端有小齿，适于啮食宿主皮肤的角质层组织。须肢分 3 节。无眼无气门。躯体背面有波状横纹和成列的鳞片状皮棘，躯体后半部有几对杆状刚毛和长鬃。腹面光滑，仅有少数刚毛。足 4 对，短粗，分 5 节。前两对足与后两对足之间的距离较大。足的基部有角质内突。雌雄螨前 2 对足的末端均有具长柄的爪垫，称吸垫（ambulacra），为感觉灵敏部分；后 2 对足的末端雌雄不同，雌虫均为长刚毛，而雄虫的第 4 对足末端具吸垫。雌螨的生殖孔位于后 2 对足间的中央。雄螨的外生殖器位于第 4 对足间略后处。肛门位于躯体后缘正中。

◆ 生物学习性

疥螨的扩散与环境的温度、湿度有关，雌性成虫离开宿主后

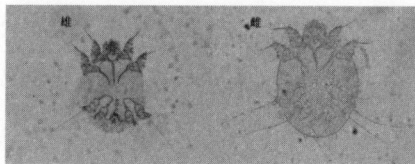

疥螨成虫

的活动、寿命及感染人的能力明显受环境温度及相对湿度的影响。

◆ 生活史特征

疥螨生活史分为卵、幼虫、前若虫、后若虫和成虫5个时期。疥螨寄生于人体皮肤表皮角质层，啮食角质组织，并以其螯肢和足跗节末端的爪在皮下开凿一条与体表平行而迂曲的隧道，雌虫在隧道内产卵。卵呈圆形或椭圆形，淡黄色，壳薄，大小约80微米×180微米，产出后经3～5天孵出幼虫。幼虫足3对，生活在原隧道中，经3～4天蜕皮为前若虫。疥螨交配发生在雄性成虫和雌性后若虫之间，多在人体皮肤表面进行。交配受精后的雌螨最为活跃，每分钟可爬行2.5厘米，此时也是最易感染新宿主的时期。雄虫大多在交配后不久即死亡；雌性后若虫在交配后20～30分钟内钻入宿主皮内，蜕皮为雌虫，2～3天后即在隧道内产卵。每日可产2～4个卵，一生共可产卵40～50个，雌螨寿命5～6周。

◆ 危害

疥螨寄生于人和哺乳动物的皮肤表皮层内，引起一种有剧烈瘙痒的顽固性皮肤病，称为疥疮（scabies）。寄生于人体的疥螨为人疥螨。

疥疮流行广泛，遍及世界，多发生于学龄前儿童及青年集体中，但亦可发生在其他年龄组。感染方式主要为直接接触，如与患者握手、同床睡眠和发生性行为等。患者在夜间睡眠时，疥螨活动十分活跃，常在宿主皮肤表面爬行和交配，增加了传播机会。患者的衣被、手套、鞋袜等可起间接传播作用。公共浴室的休息室、更衣间是重要的社会传播场所。许多寄生哺乳动物的疥螨，偶然也可感染人体，但症状较轻。

疥螨在人体寄生的部位以手指缝、手腕、手臂内侧、肘窝、腰部、阴部、乳房下等皮肤嫩薄处多见。雌虫在表皮钻掘隧道较深，雄虫、若虫和幼虫开掘的则较浅。在寄生过程中，因虫体机械刺激和其分泌物、排泄物等的毒性作用，致局部发生炎症，奇痒难忍，夜间尤甚。开始时病变仅限于隧道口，出现针尖大小的丘疹和水疱，因搔痒可引起继发感染致局部化脓溃烂，称为疥疮。

◆ **诊断方法**

疥螨实验诊断方法有：①用消毒针头在患处挑破，刺向隧道，挑出白色斑点状物，置 10% 氢氧化钾（KOH）溶液中消化，试管中的沉淀置载玻片上镜检，如果发现疥螨即可确诊。②用一滴消毒的矿物油滴在患处，再用刀片轻刮皮肤，将刮取物置载玻片上镜检。③将患处直接放在解剖镜低倍视野下，用手术刀刀尖挑破患处找出疥螨，阳性率可达97.5%。

◆ **防治措施**

患者应隔离治疗，对密切接触者应同时治疗。患者用过的衣被、手套、毛巾等物应热水烫洗处理。避免与患者直接接触可预防传播。治疗疥疮的常用药物有：25% 苯甲酸苄酯乳剂（涂抹后保留 24 小时）、10% 硫黄软膏、5% 二氯苯醚菊酯霜、0.5% 马拉硫磷或复方敌百虫霜剂等，用药前建议患者洗热水澡。所有的衣物及被褥严格清洗、煮沸或药物消毒处理。局部止痒可用 12% 苯佐卡因盐酸盐。疥疮已经被世界卫生组织列入性传播性疾病，预防工作主要是加强卫生宣教，注意个人卫生。

恙　螨

恙螨是真螨目恙螨科的一类动物。又称沙螨、沙虱、恙虫。

◆ 分布与分类

全世界已知恙螨有 3000 多种（亚种），其中约有 50 种可侵袭人体；中国已记录有 420 多种（亚种）。恙螨主要分布在温暖潮湿的地区，以热带雨林为最。幼虫寄生在家畜和其他动物体表，吸取宿主组织液，引起恙螨皮炎，传播恙虫病。中国恙虫病的主要媒介为地里纤恙螨和小盾纤恙螨。

◆ 形态特征

恙螨幼虫体形微小，长 0.2 ～ 0.5 毫米，椭圆形；颜色多呈红、橙、淡黄或乳白色。初孵出时体长约 0.2 毫米，饱食后体长达 0.5 ～ 1.0 毫米。虫体分颚体和躯体两部分。颚体位于躯体前端，由螯肢及须肢各 1 对

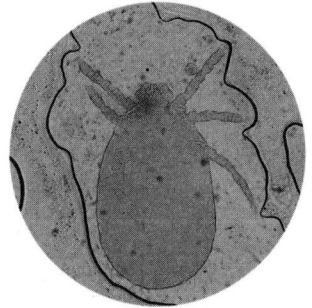

地里纤恙螨幼虫

组成。螯肢的基节呈三角形，端节的定趾退化，动趾变为螯肢爪。须肢圆锥形，分 5 节。颚基在腹面向前延伸，其外侧端形成 1 对螯盔。躯体背面的前端有盾板，是重要的分类依据。多数种类在盾板的左右两侧有眼 1 ～ 2 对，位于眼片上。盾板后方的躯体上有横列的背毛，其排列的行数、数目和形状等因种类而异。气门位于颚基与第一对足基节之间。足分 6 或 7 节，足的末端有爪 1 对和爪间突 1 个。

◆ 生物学习性

大多数恙螨幼虫寄生在宿主体表，多在皮薄而湿润处，如鼠的耳窝、

会阴部，鸟类的腹股沟、翼腋下，爬行类的鳞片下等。在人体则常寄生在腰、腋窝、腹股沟、阴部等处。

恙螨的若虫和成虫均营自生生活，主要以昆虫卵为食，但其幼虫则需寄生，摄取宿主的组织液和淋巴液为食。恙螨的滋生栖息场所很广泛，常在多草、潮湿、地势低洼、常有鼠类活动的地方生活。恙螨幼虫的宿主也很广泛，几乎各类哺乳动物都可寄生。如人在滋生地停留，恙螨幼虫便可侵袭人体。刺吸时先以螯肢爪刺入皮肤，分泌涎液，宿主组织受溶组织酶的作用，上皮细胞、胶原纤维及蛋白发生变性，出现凝固性坏死，在唾液周围形成一个环圈，继而往纵深发展形成一条小吸管通到幼虫口中，称为茎口（stylostome）。被分解的组织和淋巴液，通过茎口进入幼虫消化道。

恙螨的滋生地常孤立而分散，呈点状分布，称为螨岛（mite island）。恙螨的季节性消长除其本身的生物学特点外，还受温、湿度和降水量的影响，大致可分为3个类型：①夏季型恙螨。每年夏季出现一次高峰。②春秋型恙螨。有春秋两个季节高峰，多数恙螨属此型。③秋冬型恙螨。出现在10月以后至次年2月，以冬季为高峰。夏秋型恙螨和春秋型恙螨多以若虫和成虫越冬，秋冬型恙螨无越冬现象。

◆ **生活史特征**

恙螨的生活史可分为卵、前幼虫、幼虫、若蛹、若虫、成蛹和成虫7个时期。雌虫于泥土中产卵，经5～7天卵内幼虫形成，逸出包有薄膜的前幼虫；经10天左右发育，幼虫破膜而出，寻找宿主寄生；经2～3天饱食后，落地化为若蛹。若蛹内的若虫成熟后，约经3周变成蛹；再经 1～2 周孵出成虫。完成整个生活史需 2～3 个月。雄虫性成熟后，产精包以细丝黏于地表，雌螨通过生殖吸盘摄取精包并在体内受精，经 2～3 周开始产卵于泥土表层缝隙中，一生产卵 100～200 个，平均寿命 288 天。

◆ **危害**

恙螨幼虫叮刺人体可引起恙螨皮炎，在叮刺局部还可留下痕迹（焦痂）。恙螨幼虫的最大危害是传播恙虫病。恙虫病的病原体是立克次体。当恙螨幼虫叮咬患恙虫病宿主时受染立克次体，然后立克次体在恙螨幼虫体内随恙螨幼虫发育保存，并可经卵传递至下一代恙螨幼虫（可传 2～3 代），当这类受染恙螨幼虫再叮咬其他宿主时，便可传播恙虫病。恙虫病主要在鼠类等动物流行，人也可感染。此外，还可传播流行性出血热、Q 热、弓形虫病等，但其媒介作用尚待进一步证实。

◆ **防治措施**

恙螨防治措施包括：①清除杂草，搞好环境卫生、消灭鼠类，在不能除草的场所喷洒杀虫剂等，都是消灭恙螨滋生、栖息场所的有效措施。②在人经常活动的地方、鼠洞鼠道附近及恙螨滋生地，可喷洒六六六、倍硫磷、溴氰菊酯和敌百虫等。③野外工作时衣、裤口要扎紧，外露皮肤可涂驱避剂（如邻苯二甲酸二甲酯）或将衣服用驱避剂浸泡。

革 螨

革螨是寄螨目革螨总科螨类的统称。又称腐食螨。

◆ **分类**

革螨种类很多，分布广泛。其中，皮刺螨中的多数种类营寄生生活，可在脊椎和无脊椎动物体表吸血或寄生在宿主的呼吸道中。中国记载的革螨已达 600 余种，常见的致病种类有柏氏禽刺螨、鸡皮刺螨、格氏血厉螨和毒厉螨等。

◆ **形态特征**

革螨在螨类中是体形较大的一类，一般长 0.2 ～ 0.5 毫米，也可达 1.5 ～ 3.0 毫米。圆形或卵圆形，黄色或棕褐色，背腹扁平，表皮革质坚韧。虫体分颚体和躯体两部分。颚体位于躯体前方，由颚基、螯肢及须肢组成。颚基紧连躯体，形状各异，有分类意义。

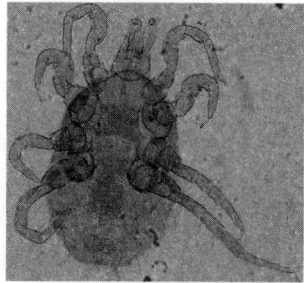

革螨

螯肢由螯杆和螯钳组成。须肢呈长棒状，因基部与颚基愈合，故仅见 5 节。躯体背面具背板，大多 1 块，少数种类 2 块。背板上的刚毛数目和排列的毛序因种而异。躯体腹面靠近颚体后缘的正中有一个叉形的胸叉。雌螨腹面有几块骨板，由前至后分别为胸板、生殖板、腹板及肛板，有些虫种的生殖板和腹板可愈合为殖腹板。雄螨腹面的骨板常愈合为一块全腹板。雌虫生殖孔位于胸板之后，被生殖板遮盖；雄虫生殖孔位于胸板前缘。气门 1 对，位于第Ⅲ、Ⅳ对足基节间的外侧，向前延伸形成管状的气门沟。足 4 对，分 6 节，第Ⅰ对足跗节背面亚末端有一个跗感器。

◆ **生物学习性**

革螨大多数营自生生活，少数营寄生生活。营自生生活的革螨滋生于枯枝烂叶下、草丛中、土壤里、禽畜粪堆和仓库贮品中。营自生生活的革螨主要捕食小型节肢动物，也可以腐败的有机物质为食。营寄生生活的革螨多数寄生于宿主的体表，少数寄生于宿主的体内，如鼻腔、呼吸道、外耳道、肺部等。体外寄生的革螨根据其寄生时间的长短又分为两个类型：①巢栖型革螨。整个发育和繁殖过程都在宿主巢穴中进行，仅在吸血时才与宿主接触，对宿主无严格的选择性，如血革螨属、禽刺螨属和皮刺螨属等属的种类。②毛栖型革螨。长期寄生在宿主体表，较少离开宿主，对宿主有较明显的选择性，如赫刺螨属、厉螨属等属的种类。营寄生性革螨以刺吸宿主的血液和组织液为食。巢栖型革螨的吸血量较大，耐饥力较强；毛栖型革螨一般吸血量较小，耐饥力差。有的革螨种类兼性吸血，既可刺吸血液，也可吸食游离血、捕食小节肢动物或者取食动物性废物和有机质，如格氏血厉螨、茅舍血厉螨等；有的种类专性吸血，仅以宿主血液为食，如柏氏禽刺螨、鸡皮刺螨等，此类革螨吸血量大，一次吸血可超其原体重的 10 多倍。多数革螨整年活动，但有明显的繁殖高峰。其季节性消长取决于宿主活动的季节变化，如宿主巢穴内微小气候条件及宿主居留在巢穴时间的长短等。一般密度在 9 月以后逐渐增高，10～11 月可出现高峰，入冬后渐降，春夏季最少，如格氏血厉螨、耶氏厉螨主要在秋冬季繁殖；柏氏禽刺螨和鸡皮刺螨在夏秋季大量繁殖。

◆ **生活史特征**

革螨的生活史分为卵、幼虫、若虫和成虫 4 个时期。卵经 1～2 天孵出幼虫，约经 24 小时即可蜕皮变为若虫。若虫又可分为两期，经几天发育后蜕皮为成虫。在适宜条件下 1 ～ 2 周完成生活史。革螨卵生（oviparity）或卵胎生（ovoviviparity），个别种类行孤雌生殖。

◆ **与疾病的关系**

革螨叮咬后可引起皮炎，奇痒，重者可出现荨麻疹。此外，革螨尚可传播流行性出血热（病原体为病毒，可经卵传递至后代）、Q 热和地方性斑疹伤寒、野兔热和蜱媒回归热等疾病。故应引起重视。

◆ **防治措施**

革螨的防治原则主要包括：①灭鼠，清理鸽巢和禽舍。②药物灭螨。如用马拉硫磷、倍硫磷、杀螟松、溴氰菊酯等喷洒。③个人防护。措施有涂擦驱避剂，如涂擦邻苯二甲酸二甲酯于裸露部位，有 1 ～ 6 小时的驱避效果；亦可将布带浸泡驱避剂系于手腕、踝关节，防止革螨侵袭。

粉 螨

粉螨是疥螨目粉螨亚目所有螨类的统称。

◆ **形态特征**

粉螨体软，无气门，躯体多呈卵圆形，体壁薄而呈半透明。颜色各异，从乳白色至棕褐色。前端背面有 1 块背板，表皮柔软，或光滑，或粗糙，或有细致的皱纹。螯肢钳状，两侧扁平，内缘常具有刺或齿，定趾上有侧轴毛。须肢小，1 ～ 2 节，紧贴于颚体。足常有单爪，爪退化，而由扩展的盘状爪垫衬所覆盖。足的基节同腹面愈合，前足体近后缘处无假气门器。雄螨具阳茎和肛吸盘，足Ⅳ跗节背面具跗节吸盘 1 对。雌螨有产卵孔，无肛吸盘及跗节吸盘。躯体背面、腹面、足上着生各种刚毛，毛的长短和形状以及排列方式是分类的重要依据。

◆ 生物学习性

粉螨的生境广泛，滋生物多种多样，多滋生于有机质丰富且相对湿度较大的环境中，如房舍、粮仓、食堂、中草药库、养殖场、动物巢穴、树洞、垃圾堆、土壤中等。滋生物包括各种储藏物，如谷物、食物、药物及衣物等，通常以粮食、干果、中药材、糠皮、火腿、奶酪、真菌、细菌及人（动物）脱落的皮屑等为食。有些粉螨也可以捕食昆虫卵或螨卵。

粉螨怕光、畏热，喜滋生于阴暗、温暖、潮湿、有机质丰富的环境中，谷物、干果、药材、皮毛、棉花及人们的居室等均是其理想生境。在自然界适应性强、食性广，既可自由生活，又能在动物和人体表寄生。最适生活温度为25℃左右、相对湿度为80%左右。在环境条件适宜时，可大量滋生，高发于每年的春秋两季。多以雌虫越冬。

◆ 生活史特征

粉螨个体发育过程包括卵、幼螨、第一若螨、第三若螨、成螨5期，但在第一若螨和第三若螨之间亦可有第二若螨（休眠体）。在温度25℃、相对湿度80%以上环境发育，完成一代为10～30天。当遇不良环境时，则形成休眠体。

◆ 危害

粉螨种类繁多，分布广泛。不仅污染和破坏粮食等储藏物，有些螨种还能引起人体疾病。粉螨引起的人类疾病主要有过敏性疾病、螨源性疾病（如肺螨病、肠螨病、尿螨病等）和毒害三大类。有些螨种的代谢产物对人体具有毒性作用，可污染人们的食物或动物饲料，造成人畜急性中毒。此外，粉螨还可传播黄曲霉菌等病菌。

◆ 防治措施

粉螨防治措施主要有：①保持仓库和居室干燥、通风、清洁、低湿度。②利用灯光驱螨、日光曝晒、电离辐射等措施减少室内粉螨滋生。③采用气调法、熏蒸法和使用杀螨剂灭螨。④注意环境卫生、室内整洁、个人卫生和食品卫生，防止粉螨侵袭人和粉螨过敏原污染环境引起螨性疾病。

蜱

蜱是寄螨目蜱总科的节肢动物的统称。又分硬蜱科、软蜱科和纳蜱科。

◆ 分类

全世界已发现900多种，其中包括硬蜱科约700种、软蜱科约200种、纳蜱科1种。中国已记录129种，其中硬蜱（科）119种，软蜱（科）10种。与医学有关的重要种类有全沟硬蜱、草原革蜱、亚东璃眼蜱和乳突钝缘蜱等。

◆ 形态特征

硬蜱成虫呈椭圆形，有颚体和躯体两部分，体长2～10毫米。未吸血时腹背扁平，背面稍隆起，饱血后胀大如赤豆或蓖麻子大小，有时可长达30毫米。表皮革质，弹性大，吸血后虫体可显著增大。背面或具壳质化盾板。雌蜱盾板较小，仅占躯体前半部。雄蜱盾板较大，几乎盖满躯体背面。有的蜱在盾板后缘形成不同花饰，称为缘垛（festoon）。

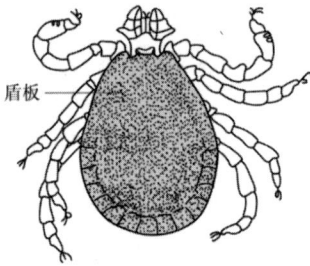

盾板

雄

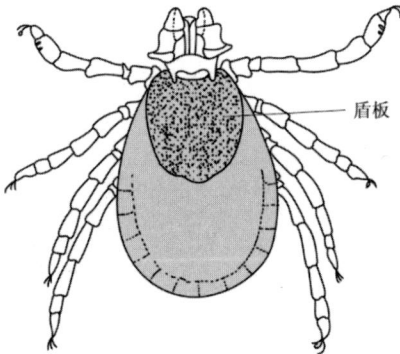

盾板

雌

硬蜱

因盾板坚硬不能伸缩，故吸血后雌、雄蜱体大小相差悬殊。颚体由颚基、螯肢、口下板和须肢组成。颚基与躯体相连，整个颚体从背面可以看到。自颚基背面中央向前伸出1对螯肢，上有锯齿，为刺割器官。螯肢腹面有一口下板，其腹面有许多倒齿，为吸血时穿刺与附着器官。螯肢两侧有1对须肢，吸血时起固定和支柱作用。

躯体呈袋状，多呈褐色，两侧对称。躯体腹面有4对足、每足6节，即基节、转节、股节、胫节、膝节和跗节。基节上通常有距。跗节末端有爪1对及垫状爪间突1个。第Ⅰ对足跗节背缘近端部具哈氏器（Haller's organ），有嗅觉功能。生殖孔位于腹面的前半，常在第Ⅱ、Ⅲ对足基节之间的水平线上。肛门位于躯体的后部，常有肛沟。气门1对，位于第Ⅳ对足基节的后外侧，气门板宽阔。雄蜱腹面质板数因蜱的属种而不同。

软蜱形态基本与硬蜱相似，但其躯体背面无盾板，雌、雄蜱从外形上不易区别。颚体位于躯体腹面，从背面看不见。颚基背面无孔区。躯体背面多呈颗粒状小疣，或具皱纹、盘状凹陷。气门板小，位于第Ⅳ对

足基节的前上方。生殖孔位于腹面的
前部,两性特征不显著。肛门位于体
中部或稍后,有些软蜱尚有肛前沟和肛
后中沟及肛后横沟,分别位于肛门的
前后方。各基节均无距刺,跗节有爪,
无爪垫。成虫及若虫第Ⅰ~Ⅱ对足之间
有基节腺的开口。基节腺液的分泌,有
调节虫体血淋巴水分和电解质的作用。
钝缘蜱属的一些种类在吸血时,病原体
可随基节腺液的分泌污染宿主伤口而
致感染。

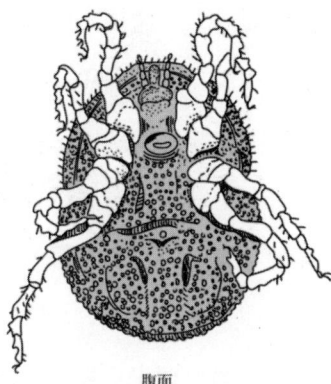

腹面

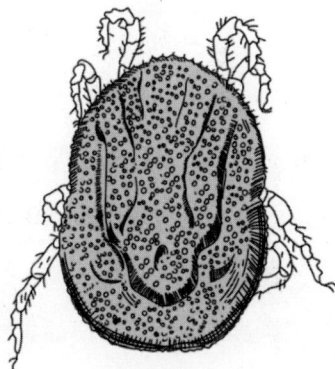

背面

软蜱

◆ 生活史特征

蜱的生活史包括卵、幼虫、若虫
和成虫4个时期。成虫吸血后交配落地,
爬行在草根、树根、畜舍等处,在表层
缝隙中产卵。硬蜱一生产卵一次,饱血后在4~40天内全部产出,可
产卵数百至数千个,因种而异。软蜱一生可产卵多次,一次产卵5~200
个,总数可达千枚。产卵后雌蜱即干死,雄蜱一生可交配数次。卵呈球
形或椭圆形,0.5~1毫米大小,色淡黄至褐色,常堆集成团。在适宜
条件下,卵在2~4周内孵出幼虫。幼虫形似若虫,但体小,足3对,
幼虫经1~4周蜕皮为若虫。硬蜱若虫只一期,软蜱若虫经过1~6期
不等。若虫足4对,无生殖孔,再到宿主身上吸血,落地后经1~4周

蜕皮而为成虫。硬蜱完成一代生活史所需的时间由 2 个月至 3 年不等，多数软蜱需半年至两年。硬蜱寿命 1 个月到数十个月不等；软蜱的成虫可多次吸血和多次产卵，一般可活五六年，甚至数十年。

蜱在生活史中有更换宿主的现象。根据其更换宿主的次数可分为以下 4 种类型：①单宿主蜱。发育各期都在一个宿主体上，雌虫吸饱血后落地产卵。如微小牛蜱。②二宿主蜱。幼虫与若虫寄生在同一宿主，而成虫寄生另一宿主。如残缘璃眼蜱。③三宿主蜱。幼虫、若虫、成虫分别在 3 个宿主体上寄生。如全沟硬蜱、草原革蜱。90% 以上的硬蜱为三宿主蜱，蜱媒疾病的重要媒介大多也是三宿主蜱。④多宿主蜱。幼虫、各龄若虫、成虫，以及雌蜱每次产卵前都需寻找宿主寄生吸血，每次吸饱血后离去。软蜱多为多宿主蜱。

◆ **生物学习性**

硬蜱多分布在开阔的自然界，如森林、灌木丛、草原、半荒漠地带。而不同蜱种的分布又与气候、土壤、植被和宿主有关。软蜱栖息在隐蔽的场所，包括兽穴、鸟巢及人畜住处的缝隙里。蜱的嗅觉敏锐，对动物的汗臭和二氧化碳很敏感，当与宿主相距 15 米时，即已感知，由被动等待到活动等待，一旦接触宿主即攀缘而上。如栖息在森林地带的全沟硬蜱，成虫寻觅宿主时，多聚集在小路两旁的草尖及灌木枝叶的顶端等候，当宿主经过并与之接触时即附着宿主；栖息在荒漠地带的亚东璃眼蜱，多在地面活动，主动寻觅宿主；栖息在牲畜圈舍的蜱种，多在地面或爬上墙壁、木桩寻觅宿主。

蜱的活动范围不大，一般为数十米。宿主的活动，特别是候鸟的季节迁移，对蜱类的播散起着重要作用。蜱的幼虫、若虫、雌雄成虫都吸血。蜱对宿主的寄生部位常有一定的选择性，一般在皮肤较薄，不易被搔动的部位。多数蜱种的宿主很广泛，包括陆生哺乳类、鸟类、爬行类和两栖类，有些种类侵袭人体。硬蜱多在白天侵袭宿主，吸血时间较长，一般需要数天。软蜱多在夜间侵袭宿主，吸血时间较短，一般数分钟到1小时。蜱的吸血量很大，各发育期的虫体吸饱血后可胀大几倍至几十倍，雌性硬蜱甚至可达100多倍。气温、湿度、土壤、光周期、植被、宿主等都可影响蜱类的季节性消长及活动。在温暖地区，多数蜱种在春、夏、秋季活动，软蜱因多在宿主洞巢内，故全年均可活动。蜱多数在栖息场所越冬，硬蜱可在动物的洞穴、土块、枯枝落叶层中或宿主体表越冬；软蜱主要在宿主住处附近越冬，越冬虫期因种类而异。

◆ **危害**

蜱对人的危害性包括直接危害和间接危害（传播疾病等）。

直接危害

蜱在叮刺吸血时多无痛感，但由于螯肢、口下板同时刺入宿主皮肤，可造成宿主皮肤局部充血、水肿、急性炎症反应，还可引起继发性感染。有些硬蜱在叮刺吸血过程中唾液分泌的神经毒素可导致宿主运动性纤维的传导障碍，引起上行性肌肉麻痹现象，可导致呼吸衰竭而死亡，称为蜱瘫痪（tick paralysis）。多见于儿童，如能及时发现，将蜱除去后症状即可消除。

间接危害

蜱的间接危害主要是传播疾病，病原体有病毒、立克次体和原虫等，病原体可经卵传递给子代。传播的疾病种类有：①森林脑炎。一种由森林脑炎病毒引起的神经系统急性传染病，为森林区的自然疫源性疾病。中国主要的病媒蜱种为全沟硬蜱，病毒在蜱体内可长期保存，可经各变态期及经卵传至下一代或第 3～4 代，并可在蜱体内越冬。该病多发生在 5～8 月。②新疆出血热。一种蜱媒急性传染病，是荒漠牧场的自然疫源性疾病。病原为一种蜱媒 RNA（核糖核酸）病毒。疫区牧场的绵羊及塔里木兔为主要传染源，急性期患者也可传染。传播媒介主要为亚东璃眼蜱，病原体可在蜱体内保存数月，可经卵传递。该病除经蜱传播外，接触急性期患者新鲜血液、分泌物和排泄物也可感染发病。在中国流行于新疆，患者主要是牧民，发病的高峰期在 4～5 月。③蜱媒回归热。又称地方性回归热。一种由钝缘蜱传播的自然疫源性螺旋体病，不规则间歇发热为其主要临床特征。中国新疆有该病流行，其在新疆的南疆村镇型的病原体为伊朗包柔氏螺旋体，乳突钝缘蜱为传播媒介；在北疆荒野型的病原体为拉氏包柔氏螺旋体，特突钝缘蜱为传播媒介。病原体可经卵传递。乳突钝缘蜱可经卵传递 8 代，并能贮存 14 年。动物传染源主要是鼠类，患者也可作为该病的传染源。④莱姆病。中国于 1985 年夏在黑龙江海林县（今海林市）林区首次发现。病原体是伯氏包柔螺旋体。莱姆病是一种由硬蜱传播的自然疫源性疾病，好发于春、夏季。在中国的主要媒介是全沟硬蜱，某些野生小型啮齿动物为其贮存宿主。⑤Q 热。病原体为贝氏立克次体。常在野生动物（啮齿类）与家畜之间传播流行，牛、羊为人体 Q 热的主要传染源。病原体能在蜱体内长期存在，并经卵传递。⑥北亚蜱传立克次体病。又称西伯利亚蜱传斑疹伤寒。病原体为西伯利亚立克次体。小啮齿动物为主要传染源，草原革蜱为其主要媒介，边缘革蜱也能传播。病原体可经卵传递，在蜱体内可存活 2 年。病原体可通过蜱的叮刺或蜱粪污染而感染。⑦细菌性疾病。蜱能传播一些细菌性疾病，如鼠疫、布氏杆菌病、野兔热。蜱能长时间保存一些病原菌，并经卵传递。例如，鼠疫杆菌在草原革蜱成虫体内可保存 509 天；兔热杆菌在拉合尔钝缘蜱体内可存活 200 ～ 700 天，故蜱在保存这些病的自然疫源中起一定作用。蜱还能传播巴贝虫病。

由于软蜱的耐饥力很强，寿命长，病原体可长期保存，故软蜱在这些某些病原体的传播上扮演贮存宿主的角色。

◆ 防治措施

蜱的防治措施包括：①个人防护。这是最重要的一种防治措施。可扎紧外衣领袖口、裤脚管，穿长靴，非必要不在地上坐卧，自行和互相检查体表及行李物品，一旦发现，应立即清除。②消除滋生栖息场所。清除住地杂草，搞好环境卫生，清理畜舍，捕杀鼠类，在住地周围喷洒杀虫剂，经常检查家畜，或涂擦对其无害的杀虫剂灭蜱等。③环境防治。草原地带采用牧场轮换和牧场隔离办法灭蜱。结合垦荒，清除灌木杂草，清理禽畜圈舍，堵洞嵌缝以防蜱类滋生；捕杀啮齿动物。④化学防治。蜱类栖息及越冬场所可喷洒敌敌畏、马拉硫磷、杀螟硫磷等。林区用六六六烟雾剂收效良好，牲畜可定期药浴杀蜱。

毒毛虫

毒毛虫是体上生有毒毛的鳞翅目昆虫的幼虫。

毒毛虫体上多毛，有些毛虫体上的毒毛可引起人类皮炎，严重者可引发全身症状而致死；此外，大量毒毛可飘浮于空气中，被吸入后导致呼吸道刺激症状。研究表明，幼虫胸节背部的毒毛和毒腺细胞中的毒素是主要致病因子，死虫的致病性比活虫更强。中国常见毒毛虫有 30 种左右，其中为害严重的为桑毛虫、马尾松毛虫、油松毛虫、赤松毛虫、落叶松毛虫、云南松毛虫等。

虻

虻是双翅目虻科嗜吸人和大型动物血并传播疾病的一类昆虫。虻种类繁多，已知虻种达 4300 种，中国有 458 种。主要分布在热带、亚热带、温带地区。

成虻体形粗壮，飞翔性较强，只有雌虻吸血，可吸大型动物和人血。由于虻吸血能力强，叮咬后的伤口在虻唾液的刺激下常形成肿胀、疼痛。虻对家畜骚扰性极大，还可传播多种人、畜疾病，故虻类为重要畜牧业害虫。对人类的影响主要有传播炭疽病、野兔热和罗阿丝虫病等。

蠓

蠓是双翅目蠓科嗜吸人或动物血的一类昆虫。蠓种类繁多，全世界已知 5500 多种，中国报道 400 余种。

蠓成虫体小，1 ～ 4 毫米，呈黑色或褐色。复眼发达，呈肾形。口器为刺吸式。蠓的生活史分卵、幼虫、蛹、成虫 4 个时期。常滋生在水塘、沼泽、树洞、石穴的积水中及荫蔽、潮湿的土壤中，寿命约 1 个月。

以幼虫或卵越冬。螨通常在清晨或黄昏时吸血。螨吸血时被刺叮处常有局部反应和奇痒难耐，甚至引起全身过敏反应等。

犬复孔绦虫

犬复孔绦虫是圆叶目囊宫科复孔属的一种寄生虫。

◆ 形态特征

犬复孔绦虫成虫长 10～15 厘米，节片 200 个。头节呈球形，有 4 个吸盘，有顶突，上有 1～7 圈小钩，钩呈玫瑰刺状。孕节两端窄呈南瓜子状，子宫分为多储卵囊，每个卵囊内 2～40 个虫卵。虫卵呈圆形，透明，内含六钩蚴（犬复孔绦虫生活史中一个发育期的一种幼体）。

◆ 危害

犬复孔绦虫成虫寄生于犬、猫小肠内，偶然寄生人体导致犬复孔绦虫病，中间宿主是犬虱。孕节随粪便排出体外或逸出肛门。孕节破裂后，虫卵被蚤类幼虫食入，六钩蚴在其肠内孵出，穿过肠壁进入血体腔。随蚤类幼虫发育，六钩蚴发育成似囊尾蚴（犬复孔绦虫生活史中一个发育期的又一幼体）。当犬、猫吞食蚤类后，似囊尾蚴在犬、猫小肠内逸出发育成成虫。人感染主要因为与犬、猫接触时，误食蚤类所致。

犬复孔绦虫呈世界性分布。感染轻时，无临床症状，可有食欲减退或食欲亢进、消化不良、腹痛、腹泻等症状。

询问犬、猫接触史有助于犬复孔绦虫病的诊断，一般采用粪便查孕节或虫卵进行确诊。

犬复孔绦虫病防治措施主要有：①饲养猫、犬时，应注意除蚤和驱虫，以减少人感染犬复孔绦虫病的机会。②加强卫生宣传教育。治疗常用药物为吡喹酮。

链状带绦虫

链状带绦虫是圆叶目带科带属的一种寄生虫。又称猪带绦虫、有钩绦虫。

◆ **形态特征**

链状带绦虫的成虫为乳白色，扁平如带状，全长 3 ～ 5 米，有节片 800 ～ 1000 节。头节圆球形，仅 1 毫米，上有 4 个吸盘，顶突及大小相间的两圈小钩。头节以下为颈部，具生发作用，依次长出幼节片、成熟节片和孕节片。成熟节片近方形，睾丸数在 150 ～ 200 个，卵巢 3 叶，左右两大叶及中央一小叶。孕节片长方形，子宫向两侧分支呈树杈状，每侧分支为 7 ～ 13 支。孕节片脱落随粪便排出，每一节片中虫卵数达 4 万个。

链状带绦虫的幼虫称猪囊尾蚴，亦称猪囊虫，为乳白色半透明的囊状物，如大豆大小，（8 ～ 10）毫米 ×5 毫米。囊内充满囊液，有一白色小米粒大小的向内翻卷收缩的头节，形态与成虫一样。

链状带绦虫的虫卵呈圆球形，直径 31 ～ 43 微米，卵壳极易脱落。胚膜层较厚，为棕黄色带有放射状条纹，内含具 3 对小钩的球形六钩蚴。

◆ **生活史特征**

当人误食生的或未经煮熟的含囊尾蚴的猪肉后，囊尾蚴在小肠内头节翻出，以吸盘和小钩附着于肠黏膜上，发育为成虫并从粪便内排出孕节和虫卵。成虫在人体内可活 25 年以上。当虫卵和孕节被猪吞食后，六钩蚴逸出并钻入小肠壁，经血循环或淋巴系统而带至全身发育为猪囊尾蚴。虫卵若被人吞食可在人体内发育为猪囊尾蚴而导致囊尾蚴病。

◆ **危害**

链状带绦虫的成虫寄生在人体小肠引起的猪带绦虫病，是重要的食物源性寄生虫病。幼虫寄生在人或猪的皮下组织、肌肉、脑、眼和心肌等处，引起囊尾蚴病或称囊虫病。

链状带绦虫的成虫寄生人体导致临床症状较轻。患者多因粪便中发现虫体节片而就医。患者可出现腹痛、腹泻，体重减轻、消化不良、消瘦等症状。偶有穿破肠壁引起腹膜炎，或虫体缠绕引起肠梗阻，甚至可引起慢性腹泻、营养不良、腹水、急性肠出血及阑尾炎。猪带绦虫病患者往往易并发囊尾蚴病。

猪囊尾蚴寄生人体引起的囊尾蚴病危害远较成虫大。临床表现为以下 4 类。

皮下及肌肉囊尾蚴病

皮下及肌肉囊尾蚴病的临床表现为囊尾蚴在皮下或黏膜下、肌肉中形成结节。以躯干和头部较多，四肢较少，常分批出现并自行消失。数量少时，可无症状或局部有轻微的麻、痛感。数量多时，可出现肌肉酸痛无力，发胀、麻木。严重者呈现假性肌肥大症等。

脑囊尾蚴病

脑囊尾蚴病发病率高。常见于患有带绦虫病的患者，临床表现多样复杂。临床以癫痫发作、颅内压增高和精神症状为三大主要表现，癫痫发作最多见。也可出现偏瘫、半身不遂、失语、眼底病变、精神症状等神经症状。

眼囊尾蚴病

眼囊尾蚴病多为单眼受累。症状表现为视力障碍。患者常自觉眼内虫体蠕动，重者可致失明。

口腔猪囊尾蚴病

口腔猪囊尾蚴病是囊尾蚴寄生在口腔的舌部、颊黏膜、唇黏膜等处，可导致舌体肥大，引起运动受限。

◆ 流行特征

猪带绦虫病和猪囊尾蚴病分布广泛，在发展中国家多见。人是猪带绦虫的唯一终宿主，也可为中间宿主。家猪和野猪是中间宿主。人体猪带绦虫病主要是误食含有囊尾蚴的肉类及污染的食物而导致。猪囊尾蚴病除食入虫卵而导致外，也可以是体内寄生有成虫的患者，因反胃、呕吐及肠道逆蠕动将孕节反推入胃引起自体内感染。

◆ 实验室诊断

询问是否有生食或半生食含有囊尾蚴寄生的猪肉（俗称"豆猪肉""米猪肉"）史具有诊断价值。猪带绦虫病的诊断可采用直接涂片法、改良加藤厚涂片法或集卵法进行粪便虫卵检查。检查粪便中的孕节，并依据节片子宫分支数和形状确定虫种。也可采用驱虫药物治疗后鉴定虫种。囊尾蚴病可在手术摘除后，采用肌肉压片法检查。眼囊尾蚴病可用眼底镜检查。脑囊尾蚴病用 CT（计算机断层扫描）、NMR（核磁共振）等影像学诊断。可采用 ELISA（酶联免疫吸附分析）、IHA（间接血凝试验）等免疫学方法对循环抗体与循环抗原进行检测。

◆ 防治措施

链状带绦虫的预防措施有：①开展卫生宣传，对患者进行驱虫治疗，切断传染源。②推行猪圈养，防止人猪间感染。③加强肉制品的卫生检疫，改变不良生活与饮食习惯。

猪带绦虫病常用槟榔、南瓜子合并口服的方法驱虫，也可服用吡喹酮、阿苯达唑、甲苯达唑等药物。猪囊尾蚴病常采用手术摘除囊尾蚴。

囊尾蚴

囊尾蚴是带绦虫的幼虫。

囊尾蚴的虫体为乳白色半透明的囊状物，如大豆大小，为（8～10）毫米×5毫米。囊内充满囊液，有一白色小米粒大小的向内翻卷收缩的头节，形态与成虫一样。猪囊尾蚴的头节上有4个吸盘、顶突和小钩。牛囊尾蚴的头节上有4个吸盘，无顶突和小钩。

微丝蚴

微丝蚴是丝虫的幼虫期。

微丝蚴的形态细长，无色透明，头端钝圆，尾端尖细，外被鞘膜（可比虫体长出许多，染色后在头尾两端清晰可见），大小（177～296）微米×（5～7）微米。经姬氏或瑞氏染色后，在显微镜下可见体内有很多圆形或椭圆形的体核，头端无核区为头间隙。微丝蚴大小以微米计，需要在显微镜下观察，各种类微丝蚴形态特征差异大，具有虫种鉴别意义。

人体内的微丝蚴可出现在外周血中，并在体内存活数月至数年。当被吸入媒介昆虫体内后，将经历一段时间的发育，成为具有感染性的幼虫阶段（称为感染期幼虫），当再次叮咬的时候才能够传给下一个终宿主完成生活史循环。部分丝虫（如班氏吴策线虫和马来布鲁线虫）的微丝蚴具有夜现周期性，即在人体的外周血中出现夜多昼少的现象，也有虫种（罗阿罗阿丝虫）的微丝蚴在外周血具有昼现周期性，也有丝虫的微丝蚴无周期性。

裂头蚴

裂头蚴是假叶目绦虫的幼虫。可寄生于人体，引起裂头蚴病。

裂头蚴危害程度远大于成虫，其严重程度因裂头蚴移行及其寄生部位而异，常见寄生部位有眼睑、口腔与颊、四肢及腹壁。裂头蚴多在表皮、黏膜下或浅表肌肉内形成嗜酸性肉芽肿囊包，直径为 1 ～ 6 厘米，囊腔内有 1 ～ 10 条裂头蚴盘踞。裂头蚴病也是中国重要食源性寄生虫病之一。

◆ 形态特征

裂头蚴呈长带形，白色，大小约 300 毫米 ×0.7 毫米。头端膨大，中央有一明显凹陷，与成虫头节相似，体不分节但具不规则横皱褶，末端多呈钝圆形，活时伸缩能力强。裂头蚴在宿主的皮下组织、肌肉、结缔组织或体腔内寄生时由纤维膜包围成小囊。

◆ 裂头蚴病诊断

裂头蚴病主要靠从局部检出虫体进行鉴定，也可在痰液、尿液或胸腔积液中查找裂头蚴。脑、脊髓、内脏等深部寄生的裂头蚴诊断困难，往往术中发现虫体而获得病原学诊断。影像学可作为裂头蚴病，尤其中枢神经系统裂头蚴病的辅助诊断。可采用计算机断层扫描（CT）、磁共振成像（MRI）及 B 型超声波检查等影像学手段，可有效提高裂头蚴病的确诊率。采用裂头蚴抗原进行各种免疫学检测，是对裂头蚴病早期感染、深部组织寄生的一种有效辅助诊断。

第 2 章

害鼠

褐家鼠

褐家鼠是啮齿目鼠科大鼠属的一种。又称大家鼠、挪威鼠。是人类伴生种。

◆ 地理分布

褐家鼠广布于全世界，在中国分布于除西藏以外的所有地区。18世纪通过俄罗斯到达欧洲，1745 年到达美洲。

◆ 形态特征

褐家鼠总体上外形特征极其相近，但不同地区体重差异较大，如东北亚种性成熟体重 80 ～ 100 克，指名亚种性成熟体重 180 ～ 200 克。褐家鼠为中等体形鼠类，粗壮。尾短而粗，明显短于体长，但超过 2/3 体长。尾毛稀少，表面环状鳞清晰可见。头小，吻短，耳短而厚，前折不能遮住眼部。体背毛色为棕褐色或灰褐色，腹毛灰白色，足背毛白色，尾双色，上黑下白，是区别于黄胸鼠、大足鼠的重要特征。成体颅骨的顶骨两侧颞嵴平行，是最典型的分类学特征。

◆ 生物学习性

褐家鼠以家栖为主，仅在东北地区大量分布于田间、山林。最喜欢阴暗潮湿、杂乱肮脏的场所，管理不善的仓库、厨房、畜圈、垃圾堆和阴沟等是最宜滋生褐家鼠的场所。有群居习性，存在等级现象，优势个体有优先获得食物和配偶的机会。洞穴构造比较复杂，在居民区一般有2～4个洞口，大都在墙角下或阴沟中。以夜间活动为主，但不是典型的夜行鼠类，日间各个时段也有活动。活动强度日落后显著升高，以日落后2小时左右和黎明前活动频率最高。

◆ 生活史特征

褐家鼠生殖力极强，可全年繁殖，雌鼠产后一两天又能交配受孕。胎仔数8～14只，孕期21天，约3月龄性成熟。

◆ 危害

褐家鼠为杂食性动物，取食所有的粮食、蔬菜及瓜果类作物。在农田中盗食粮食；在养殖场盗食饲料、咬死小鸡、偷食鸡蛋；在河边湖畔喜食鱼类、软体动物和两栖类。由于啮齿类磨牙习惯，损毁家具、咬断电线引起设备故障甚至火灾。褐家鼠还是疾病的宿主与传播者，传播的疾病包括鼠疫、流行性出血热、狂犬病等22种。

小家鼠

小家鼠是啮齿目鼠科小鼠属的一种。又称鼷鼠、小鼠、小耗子、米鼠仔、月鼠、车鼠、家小鼠等。

◆ 地理分布

小家鼠是家、野双栖鼠，是世界性、与人类伴生的鼠种。分布遍及全球；在中国仅青藏高原偏远与荒漠地区无分布，其余地方均有分布。

◆ **形态特征**

小家鼠是小型啮齿动物。成年小家鼠体重 12 ～ 20 克，体长 50 ～ 100 毫米。尾长等于或短于体长，为 36 ～ 87 毫米。小家鼠上颌门齿从侧面看具明显的缺刻。

毛色变化也很大，背毛由灰褐色至黑灰色，腹毛由纯白到灰黄。尾上下明显或不明显的两色，体侧面毛色有时界限分明。

◆ **生物学习性**

在居民区，小家鼠喜栖居于仓库、住室和厨房；进入抽屉、衣柜、食物柜、杂物堆中；在野外，小家鼠喜居于旱地或休耕地的杂草中和种子植物生长茂密之处。小家鼠主要越冬场所在人房（包括库房、场院）内，在野外的秋作物茬地也可越冬。

小家鼠的食性杂，以植物籽实为主，尤其喜食小粒谷物种子。对水分要求不严。摄食特点是时断时续，且常来往于食物与栖息地之间。

小家鼠属于夜行活动，有黄昏后与黎明前 2 个活动高峰。无新物反应。

◆ **生活史特征**

小家鼠的寿命不超过 1 年。北疆小家鼠在室内饲养通常可以存活 2 ～ 3 年。繁殖能力强，孕期 20 天，每胎胎仔数为 3 ～ 14 只。雌鼠每年可繁殖 5 ～ 10 窝新鼠。小家鼠在中国华中地区农房其种群数量季节波动为春夏低、秋冬高的特点；无明显的季节性迁移扩散现象。而新疆冬季严寒，迫使大部分小家鼠迁入房舍区越冬，形成很高密度；开春气温回升后，小家鼠向田野扩散。小家鼠具有突发性特点，种群数量能大起大落，可发生大暴发。在大暴发第二年，其种群数量会降到最低点。

◆ **危害**

小家鼠可传播 24 种疾病。

◆ **价值**

实验小白鼠是由小家鼠驯化而来的，被广泛应用于医学科学研究领域；小家鼠也常作为人类多种疾病模型动物而使用。

屋顶鼠

屋顶鼠是啮齿目鼠科大鼠属的一种。又称家鼠、黑家鼠、安达曼鼠、斯氏家鼠、海南屋顶鼠、施氏屋顶鼠等。

◆ **地理分布**

屋顶鼠在中国分布于云南、贵州、四川、西藏、广西、广东、福建、上海和台湾等地，有 4 个亚种，即海南亚种、滇西亚种、尼泊尔亚种、屋顶鼠指名亚种。

◆ **形态特征**

屋顶鼠体形中等，体细长，尾长明显大于体长。体长 150～216 毫米，尾长 160～258 毫米，后足长 30～40 毫米，耳长 28～32 毫米，颅长 37～46 毫米，体重 50～140 克。不同亚种在大小和毛色上差异较大，有黑色型和棕褐色型两种类型：黑色型一般栖居在阁楼等高处，背毛黑色、带光泽，腹毛铅灰色，尾的背、腹面均为暗黑色；棕褐色型主要生活在野外的灌木丛、茅草丛及坡上的作物地等生境，背毛为暗灰黄褐色，在背中线上有较多的带有黑色毛尖的毛，体侧色较淡，腹毛为灰白色，尾部背、腹面同色且颜色较深。

◆ **生物学习性**

屋顶鼠为杂食性的室内、野外栖息鼠种，以植物为主食，如农作物、杂草及其种子和树上的果实等。屋顶鼠昼伏夜出，尤以晨昏活动最为频繁。

◆ **生活史特征**

屋顶鼠1年繁殖4～5次，每胎3～10只。社群存在一种稳定的社群等级，尤其是雄性，其社群等级与年龄相关。寿命2年左右。

◆ **危害**

屋顶鼠是一些自然疫源性疾病的储存宿主之一，传播鼠疫、鼠型斑疹伤寒、恙虫病、钩端螺旋体病、蜱传回归热、沙门氏菌感染、弓形虫病等多种疾病；也是亚热带、热带地区的农业害鼠之一，主要为害粮食和油料作物。

中华鼢鼠

中华鼢鼠是啮齿目鼹形鼠科凸颅鼢鼠属的一种。别称方氏鼢鼠、原鼢鼠、串地龙、瞎狯、瞎老、赛隆。

◆ **地理分布**

中华鼢鼠是中国北方特有的啮齿动物，主要分布于山西、河北、北京、内蒙古、陕西、宁夏等地。

◆ **形态特征**

中华鼢鼠的成年鼠体长150～250毫米，尾长40～85毫米；体背面灰褐色或暗土黄色。体毛细软且光泽鲜亮，无毛向。唇周围以及吻部至两眼间毛色较淡，灰白色或污白色。额部中央一般有一块白斑。腹毛灰色，足背与尾毛稀疏，为污白色。体形较其他鼢鼠壮。雄鼠大于雌鼠，头大而扁，吻钝，眼甚小，视觉退化，耳壳退化在毛下仅留皮褶，四肢短小，前足的爪强壮有力，特别是第三爪，镰刀状，锐利，适掘土。

◆ 生物学习性

中华鼢鼠主要栖息于中国黄土高原及次生黄土的农田、林地、荒地、山坡、草场及河谷中。终生营地下生活，偶尔到地面活动。中华鼢鼠的洞穴相当复杂，主要由窝巢（老窝）、出窝洞、朝天洞、交通洞、采食洞、盲洞、贮食洞、粪洞等组成，洞道长平均为 62.45 米。以农作物或其他植物的根、地下茎及绿色茎叶等为食。昼夜都有活动，不冬眠，有贮粮习性。一般只在地下挖掘觅食，常把植物地下部分咬断，拖入洞中储藏。

◆ 生活史特征

黄土高原东南部的中华鼢鼠在春季交配和繁殖，雌性比例多于雄性，每年基本只繁殖 1 次，胎仔数 1 ～ 6 只。

◆ 危害

中华鼢鼠是对农林牧业和人类健康危害极大的害鼠。可造成农区大片作物缺苗断垄，且秋季大量盗运贮粮，影响产量；在牧区，挖洞堆土破坏牧草，加速水土流失、草场退化；在林区，为害幼林使幼树枯黄死亡。同时，鼢鼠是重要的媒介生物，能感染鼠疫等多种传染病，体外寄生虫仅革螨就有 2 属 17 种，还有虱、蚤、蝇、蜱等，体内有原虫、线虫、绦虫、吸虫等多种寄生虫。

◆ **防治措施**

物理防治

①人工活捕。②洞内安鼠夹捕鼠。③弓射地箭法或石压地箭法灭鼠。④专用产品灭鼢鼠。

化学防治

可采用熏杀，即将10克磷化铝一次性投入洞道中（土壤干燥时，在洞道内适当加水加速磷化铝与水分作用），产生磷化氢剧毒气体，投药后迅速封堵洞口并用脚踩实土壤以防毒气外泄。同时，投药时尽量将药片投得深一些，以免封堵洞口时，土壤掩埋了药片影响效果。磷化铝灭鼢鼠时要注意防护，避免投药人吸入毒气中毒。

长爪沙鼠

长爪沙鼠是啮齿目仓鼠科沙鼠属的一种。

◆ **地理分布**

长爪沙鼠在中国主要分布于内蒙古、吉林、辽宁、河北、山西、陕西、甘肃和宁夏的荒漠、半荒漠草原及农牧交错带。

◆ **形态特征**

长爪沙鼠是体形较小的哺乳动物，成年体重平均60克，耳大，但较狭窄，头和体背面中央棕灰色，有光泽，杂有黑褐色；体侧较淡呈沙黄色；眼大，眼周形成一微白色斑纹；耳缘具短小白毛，耳内侧几乎裸露；腹毛为污白色；爪黑褐色；尾被密毛，尾端有细长的毛束，尾毛二色，上黑下黄。

◆ 生物学习性

长爪沙鼠以白天活动为主，喜欢栖息于荒漠、半荒漠草原，各类农田及荒地。在典型草原区，长爪沙鼠喜欢选择沙质土壤筑巢，如芨芨草滩、草原公路两侧裸露的路基等。在农牧交错带，田埂、田间草地、防风林带经常成为长爪沙鼠在草原和农田迁移为害的中转站及越冬地，是最适宜的栖息地。长爪沙鼠为群居性害鼠，一个家族共享同一洞系，洞口数一般为 3～15 个，结构复杂，包括仓库、厕所和窝巢等。

◆ 生活史特征

长爪沙鼠具有明显的季节性繁殖特征，成熟年龄大约为 10 周，平均胎仔数 5～7 只。

◆ 危害

长爪沙鼠在夏季主要取食植物茎叶，秋季以后至来年植物返青以取食牧草、农作物种子为主。在农牧交错带的危害十分突出，除对苜蓿、沙打旺等牧草造成危害以外，对小麦、谷子、莜麦、豌豆、马铃薯等作物也造成严重危害，严重年份发生面积可达作物种植面积 20% 以上，导致减产 20%～30%。长爪沙鼠筑巢挖掘行为可导致沙土外露、水土流失，加速草原的退化和沙化。长爪沙鼠是多种病原物的携带者和传播者，传播鼠疫、类丹毒和巴斯特菌病等。尤其需要关注的是，长爪沙鼠是鼠疫病原的主要宿主之一，曾经造成鼠疫流行，需要特别注意卫生防护。

根田鼠

根田鼠是啮齿目田鼠科田鼠属的一种鼠。

◆ **形态特征**

根田鼠体长 88 ～ 125 毫米，体重 20 ～ 40 克，身体呈深棕褐色或灰褐色，毛基均为黑色或黑灰色。头骨较坚硬。

◆ **生物学习性**

根田鼠主要在植被层下活动，喜郁闭环境，有跑道。洞穴结构较简单，多出口。昼行性活动。一般在日出和日落时为活动高峰期。成体雄性巢区大于雌性巢区，繁殖期巢区面积大于非繁殖期。主要取食单子叶植物，部分取食双子叶植物，对不同植物的选择不仅与植物群落组成的季节性变化有关，而且也取决于植物的能量、纤维素含量和水分含量的变化。

根田鼠为季节性波动种群，年间变化较为平稳。春季种群密度低，秋季达到高峰。种群年龄结构呈季节性变化。繁殖初期种群主要由越冬个体组成，随繁殖活动的增加，越冬个体大量死亡，至繁殖期结束时，种群主要由当年出生的子一代及子二代个体组成。由于根田鼠在草层下活动，有较高的越冬存活率。

◆ **生活史特征**

根田鼠个体发育可划分 4 个阶段：①乳鼠阶段。自出生至 20 日龄，生长迅速，形态变化较大。②幼鼠阶段。20 ～ 40 日龄，从摄取母乳过渡到独立生活，生长率仍保持较高水平，性器官开始发育，但性未成熟。③亚成体阶段。40 ～ 60 日龄，生殖器官迅速发育成熟，生长率明显降低。④成体阶段。60 日龄以上。性成熟，生长率显著下降，成年体重有性二型现象。

根田鼠在室内适宜饲养条件下可全年繁殖，并有产后发情现象。平均胎仔数为 4.56 只，妊娠期为 20.6 天，哺乳期为 15 ~ 20 天。在自然条件下，根田鼠为季节性繁殖，在 3 月底至 4 月初开始交配，5 月初可捕获到当年新生幼体，9 月底至 10 月初繁殖结束。大部分当年出生个体当年可参加繁殖。

◆ 危害

由于根田鼠洞道较浅，洞口较小（直径为 2 ~ 3 厘米），并有专门的活动跑道，其挖掘活动对草地有一定危害，但较高原鼠兔轻。

大沙鼠

大沙鼠是啮齿目鼠科大沙鼠属一种。又称大沙土鼠。

◆ 地理分布

大沙鼠在中国的分布区西起新疆裕民县巴尔鲁克山西麓和中哈边界的阿拉山口一带，由此分南北两条线向东延伸。

◆ 形态特征

大沙鼠的体形较大，是沙鼠亚科中体形较大的种类；耳前折时不达眼；尾粗大，略短于体长。毛色变异较大，一般夏季毛色浅，额部和背部暗沙黄或暗黄褐色，冬季毛色深暗。尾上下同色，远较背部色深。耳完全有毛覆盖。头骨粗壮而宽大。鼻骨较长，超过颅全长 1/3。眶上脊明显向后形成一颞脊，向侧面转到顶间骨。门齿孔狭长，其后缘不达白齿前缘连线。前腭孔狭长，其后缘达不到白齿列之间的连线。后腭孔细小。听泡不显著膨大。

◆ **生物学习性**

大沙鼠是典型的荒漠啮齿动物，栖息于白刺、盐爪爪丛生的沙地或风成沙丘上的灌木、半灌木所固定的沙丘、沙地或以梭梭、柽柳为主的沙丘底部。整体分布格局为岛状聚集分布；洞系庞大且结构复杂，地面出口甚多，形成明显的密集洞群；成员少时 2 只，多时可达 10 多只。食谱广泛，主要采食乔灌木和小灌木的枝条、禾本科植物及大多数植物的绿色部分，喜食多种荒漠地区的耐旱植物，大沙鼠夏秋两季有储存食物的习性，储食种类随分布地植被类型不同而存在较大差异。

大沙鼠性情机警、胆怯，视觉、听觉均较发达。具有明显的领域行为。主要在白天活动，春、夏、秋季日活动频率呈明显的双峰形。当食物和隐蔽条件恶化时，大沙鼠将重新选择巢区，并常伴有短程迁徙的扩散行为。

◆ **生活史特征**

大沙鼠性成熟期为 5 ～ 8 个月，只有越冬鼠参与繁殖。通常每年 3 月末进入繁殖季节，可持续至 9 月底，繁殖高峰期为 5 ～ 7 月。妊娠期约 25 天，每窝产仔 4 ～ 7 只。

◆ **危害**

大沙鼠是荒漠梭梭林的主要害鼠，为重要农业害鼠之一。其巢穴上的植被破坏严重，几乎变成不毛之地。密度高时平均有效洞口可达 1300 个 / 公顷。常造成荒漠植物早期死亡，是荒漠牧场和固沙造林的主要害鼠，对荒漠地带的生态环境影响巨大。

◆ 防治措施

大沙鼠的防治应施行"生态治理优先、生物化学结合、践行天敌控制、因地制宜施策"的综合治理对策。首先，以自然生态调控为基础，采取围栏封育，改良补播等增加梭梭林区域的植物多样性及生物量，降低大沙鼠最适栖息地面积。对于危害严重的区域，采取化学防治，推广并应用低毒高效化学杀鼠剂及生物农药（如肉毒素），采用科学合理的投放量及投放方式，按治理目标降低害鼠的种群密度；对非严重危害区域采用加强天敌措施的控制作用，辅以物理防治措施，逐步完善大沙鼠综合治理措施，使害鼠数量持续保持在经济阈值水平以下，实现荒漠地区大沙鼠危害的可持续控制。

中华绒鼠

中华绒鼠是啮齿目仓鼠科绒鼠属的一种大型绒鼠类。是绒鼠类中最大者。

◆ 地理分布

中华绒鼠是中国特有物种，仅分布于四川省凉山山系，最低海拔2600米以上的冷、云杉林及高山杜鹃灌丛中。

◆ 形态特征

中华绒鼠全身黑灰色，老年个体被毛有棕黄色，尾长大于体长之半。吻部较短而钝，颈部较短，眼小，耳大而裸露，呈椭圆形状。后足爪稍长，蹴指小，带有一个扁平的趾甲。掌垫5个，跖垫6个，均较发达。脚底的足跟和垫间被毛。尾尖具一短而绒细的端束毛。

中华绒鼠成体体重平均50克，平均体长超过122毫米，尾相对较长，平均64毫米，约为体长的60%；后足长22.41毫米；颅全长平均30毫米；颅基长平均28.07毫米；颧宽平均17.11毫米；眶间宽4.08毫米；后头宽13.55毫米；颅高11.24毫米；听泡长7.94毫米。

中华绒鼠上体暗褐色或暗棕褐色，毛尖微亮，棕黄色。毛基暗石板灰色。耳壳边缘黑褐色。体侧稍淡于背部。下体浅蓝灰色，胸、腹及鼠蹊部略深，木褐色。前足足背暗褐色、淡褐色或灰白色，后足足背、趾及足外侧浅灰褐色，内侧为深褐色。尾背黑褐色；尾下浅淡，尾下基部2/3灰白色，尾后部1/3黑褐色。

中华绒鼠头骨粗壮而坚实。吻部较短，为颅全长的1/3。鼻骨较长，前端宽并向下形成一斜坡，后端较窄，不及前端的1/2。额骨中央有一明显凹陷。顶骨略微隆起。矢状嵴不发达。颧弓宽而粗实，为头骨最宽处。眶间相对较细窄。眼眶较大，无眶上突。听泡大、发达而鼓胀。腭骨部较长，腭长超过颅全长之半。

中华绒鼠上颌具2枚较大的橘黄色门齿，并向内弯。臼齿构造较复杂，成体臼齿无齿根，其臼齿外侧棱角直通齿槽内。咀嚼面由内、外两排相互交错的三角形齿环组成，棱角较钝圆，内凹角较窄。

◆ 生物学习性

中华绒鼠主要栖于海拔2600～3700米的阴湿阔叶林、针阔叶混交林、针叶林内。生境的平均相对湿度84%，年平均气温5℃，1月平均气温-2.25℃，7月平均气温12.6℃，无霜期135天，平均日照仅1360小时，生活区域潮湿而阴冷。子地表浅层洞穴生活，洞穴不复杂，洞道表面光滑，多在土质疏松的地方掘洞。白天隐于洞内，黄昏后外出活动觅食。不善攀爬，主要在枯枝落叶下活动，薹草或苔藓厚密的区域，在薹草或苔藓下活动。洞道纵横交错，离地表很浅。植食性为主，也取食昆虫、软体动物。以植物的种子、根茎及嫩叶为主要食物，冬季可以啃食树皮。有储粮习性。偶尔有同种相残习性，用陷阱或鼠夹捕获到该种时，经常发现被同种取食。

◆ 生活史特征

中华绒鼠繁殖能力较强，1 年有 2 个繁殖高峰期，在 5 月和 8 月份，胎仔数平均 2.24 个。性比基本保持在 1 ∶ 1 左右。

◆ 危害

中华绒鼠对人工更新林的幼苗危害率在 15% 左右，部分区域危害严重，可达 45%。

大仓鼠

大仓鼠是啮齿目仓鼠科大仓鼠属的一种。

◆ 地理分布

大仓鼠在中国主要分布于华北、西北、东北的农作区，是北方农作物的主要害鼠之一。

◆ 形态特征

大仓鼠成鼠体重 80 ～ 150 克，体长 140 ～ 200 毫米。头较宽大，颊囊发达。尾较长，四肢短粗。背面毛色呈深灰色或灰褐色，体侧较淡。

◆ 生物学习性

大仓鼠成年个体独自穴居，洞巢由洞口、通道、巢室、若干仓库等组成。喜栖于旱地、林缘、灌丛等。是杂食性动物，喜食植物种子，具贮食行为。夜行性，黄昏和午夜为活动高峰。在建洞、贮食期可见其白天活动。

◆ 生活史特征

大仓鼠为多婚制，无固定配偶，繁殖能力强。繁殖高峰为 4～5 月和 8～9 月。每年产 1～3 胎，胎仔数 8～10 只。不同个体间遭遇后，攻击现象明显，存在典型的优势－从属关系，优势鼠在攻击行为后，胁腺标记行为明显增多。

大仓鼠的年龄结构及种群数量的季节变化明显。春季成体和老年个体的比例高，秋季幼体比例高。在季节动态方面，一般为春低、秋高的双峰形。在年间动态方面，大仓鼠种群曾在 20 世纪 80 年代全面暴发，但自 2000 年后，华北地区的种群数量有逐渐下降的趋势，秋季数量高峰亦不再明显，可能与农药拌种、灌溉面积增加等农事活动有关。

◆ 危害

大仓鼠取食农作物春播种子与幼苗、秋季贮粮造成农作物减产。体外寄生有多种蚤类和螨类，可传播流行性出血热等疾病。

◆ 防治措施

对大仓鼠进行防治，可通过破坏和改变其适宜生境，如改变农作物布局、提高秋收效率、深耕、农业灌溉等；保护或引入鼠类天敌（如鸮类、蛇类和鼬类等），开展不育剂控制等。但在种群暴发时期，建议采取化学灭鼠、物理捕杀等快速有效的方法。

朝鲜姬鼠

朝鲜姬鼠是啮齿目鼠科姬鼠属的一种。又称大林姬鼠、林姬鼠、山耗子。

◆ 地理分布

朝鲜姬鼠在中国广泛分布，另见于西伯利亚南部、朝鲜以及日本北海道。

◆ 形态特征

朝鲜姬鼠的体形中等，头体长 80～118 毫米，尾长 75～103 毫米，后足长 21～24 毫米。头骨椭圆形，吻部略显圆钝，鼻骨前端膨大。颅长 25.5～29 毫米，颧宽 11.7～13.7 毫米。背毛淡红棕色，沿体侧偏淡黄棕色，腹毛浅灰白色。尾长几与体等长，尾季节性稀疏，尾鳞裸露，背面褐棕色，腹面白色。门齿唇面橙黄色。第一臼齿特大，长度约为第二、第三臼齿之和。

◆ 生物学习性

朝鲜姬鼠活动范围较广，一般栖息于地势较高、土壤较干燥的林区。为广食性动物，喜食种子、果实等营养价值高的食物。具有集中贮藏行为，秋季种子成熟时会在其洞穴内贮藏大量的食物。冬季在雪被下活动，地表有洞口，地面与雪层之间有纵横交错的洞道。昼夜均活动，以夜间活动为主，夜间活动的时间和频次明显多于昼间，两次活动高峰分别在 2:00～4:00 和 19:00～22:00。

◆ **生活史特征**

朝鲜姬鼠 4 月份开始繁殖，6 月份为高峰期，每胎产仔 4 ～ 9 只，一般每年可繁殖 2 ～ 3 代。种群数量季节间波动明显，一般春季数量最低，秋季最高。食物资源尤其是种子产量的年间变化，导致种群数量发生剧烈波动。

◆ **危害**

朝鲜姬鼠的数量大，分布广，且适应性强。它们消耗大量有经济价值的种子，在春季盗食直播造林的种子，严重影响森林的天然更新和人工更新；而在冬季食物短缺时，它们会以幼树为食，甚至啃食树根、草根，造成树木死亡，是林业生产的为害鼠种。

◆ **防治措施**

朝鲜姬鼠防治以预防为主，做好监测工作，做到及时发现、及时处理。同时，还要坚持综合治理，通过营林、生物、物理及化学防治措施来综合治理。

布氏田鼠

布氏田鼠是啮齿目仓鼠科田鼠属的一种。

◆ **地理分布**

布氏田鼠是典型的草原鼠种，分布于中国的内蒙古地区，以及蒙古、俄罗斯的外贝加尔地区。其分布中心位于蒙古的杭爱、乌兰巴托南部以及克鲁伦河流域。在中国有两个间断的分布区，分属内蒙古的呼伦贝尔盟（今呼伦贝尔市）和锡林郭勒盟的典型草原地区。

◆ 形态特征

布氏田鼠成体体长 90 ～ 125 毫米，尾短小，仅为体长 1/5 ～ 1/4。耳较短小。体形略显粗笨。体背沙黄色或黄褐色，腹毛浅灰色，稍带黄色，背部和腹部间毛色无明显分界线。尾部背腹面毛色均与体背毛色相同，尾端毛较长，尾尖毛较长。沙黄色或黄褐色，幼体比成体色深。头骨与北方田鼠极相近，唯其鼻骨较长，其长度大于上颌骨前端骨缝，颞嵴发达，成鼠眶上嵴明显。门齿唇面黄色。

◆ 生物学习性

布氏田鼠春季和夏季主要以草地上牧草为食，如羊草、冰草、克氏针茅、冷蒿、菊叶委陵菜等。秋冬季则主要以其仓库里面储存的牧草为食，偏爱存储一定比例的双子叶植物，如蒿属、委陵菜属等植物。

◆ 生活史特征

布氏田鼠最大寿命为 14 个月，其婚配制度为群居混交制，繁殖高峰期为 4 ～ 8 月。胎仔数常为 6 ～ 12 个。全年以家群群居生活，其群体组成主要以建群母鼠及其后代组成。秋季有分群行为和换群重组行为。为扩散性很强的暴发性鼠类。

◆ 危害

布氏田鼠的危害主要表现为：挖掘活动对草场基质的破坏造成水土流失，与牛羊争夺牧草资源，可携带传染多种鼠源性疾病。但其斑块化分布的洞群对草原生物多样性保育以及恢复有重要的意义，也是典型草原生态系统很重要的关键物种。

◆ 防治措施

退化草场是布氏田鼠的最适生境,布氏田鼠早春化学防治经济阈值约为50只/公顷。布氏田鼠的防控措施多种多样,有生态治理、天敌防控、抗凝血剂杀鼠剂、不育剂等,对布氏田鼠的种群防控均有很好的成效。布氏田鼠是适宜采用综合防治的草原害鼠之一。

北社鼠

北社鼠是啮齿目鼠科白腹鼠属的一种。

◆ 地理分布

北社鼠是东洋界常见的小型啮齿动物。中国见于除新疆和黑龙江之外的广大地区。

◆ 形态特征

北社鼠的身体纤细,体形中等,体重45～150克,体长125～195毫米,尾长110～212毫米,耳长18～24.5毫米,后足长30～32毫米。成体背部棕褐色或灰褐色,杂有少量刺毛;头、颈两侧及体侧淡黄褐色,腹毛硫黄色或黄白色;尾背面色暗,腹面色浅,尾端、脚趾部白色。

◆ 生物学习性

北社鼠主要栖息于山区及丘陵地带的森林、灌丛,也出没于草丛、农田、弃耕地、荒地、菜园等。多穴居。取食坚果、林木种子、嫩叶、农作物种子、幼苗及昆虫等。夜间活动为主,季节性迁移不明显。通常幼体、亚成体比例较高,老年个体比例较低,雄性略多于雌性。春季繁殖期前种群数量较低。

◆ 生活史特征

北社鼠的胎仔数 3 ～ 7 只，繁殖指数 0.58，孕期约 20 天，哺乳期 25 ～ 30 天，初生幼仔体重约 3.0 克，30 天后可单独活动，寿命 1 ～ 2 年。

◆ 危害

北社鼠与恙虫病、假结核、钩端螺旋体病、肾综合征出血热、莱姆病等鼠源性疾病的流行有一定关系。体表寄生虫主要有螨类、蚤类、虱类。对林木坚果、种子、幼苗等有一定危害。但北社鼠也分散贮藏植物的种子，并充当种子传播者，对植物更新和种群扩散有一定积极意义。

草原鼢鼠

啮齿目仓鼠科鼢鼠属的一种。又称阿尔泰鼢鼠、达乌里鼢鼠、梨鼠、瞎老鼠、地羊。是一种营地下生活的啮齿动物。

◆ 地理分布

草原鼢鼠在中国分布于内蒙古、东北、河北以及山西北部，国际上分布于蒙古和俄罗斯西伯利亚。

◆ 形态特征

草原鼢鼠体形似东北鼢鼠，尾巴较长，体重平均 250 克，体长 136 ～ 260 毫米，尾长 39 ～ 65.5 毫米，后足长 28 ～ 36 毫米。毛色一般为银灰色略带淡赭色，或暗灰褐色有时带赤色调，毛基灰色，无明显绣红色。吻部一般带白色。额通常无白斑。尾毛稀短白色，后足背面亦被有白色短毛。前肢爪和其他种鼢鼠的一样，很粗大。

◆ **生物学习性**

草原鼢鼠栖息在土壤潮湿疏松的高原和山地草原、草甸草原，灌木丛及荒漠地区的草地也有少量分布，也栖息于农田中。营地下生活，挖洞觅食，有时夜间也到地面活动。掘洞时推出的松土所形成的土堆大小不一，新土丘春秋季多，夏季少。洞道甚长，离地面30～50厘米，冬季较深，可达2米左右。洞中分住室、产仔室、粮仓、厕所。通常以植物的根或地下茎为食。冬季有贮食习性，不冬眠。怕光，视力差，听觉灵敏，喜安静，一般挖洞采食，抗病力较强，春末夏初活动较为频繁，其他季节活动较少。

◆ **生活史特征**

草原鼢鼠在内蒙古5～6月份即开始繁殖，每年可能只产1胎，每胎产仔2～5只。一般幼鼠生长2个月性成熟。母鼠妊娠期30日龄，产仔多在夜间，仔鼢鼠在10日龄内以哺乳为主，以后可食土豆、草根等，生长20日龄后仔鼢鼠能独立生活。雌雄单独生活，繁殖期在一起。

◆ **危害**

草原鼢鼠对牧草和农作物有害，是中国北方地区的主要农业和牧业害鼠。在农业区严重影响作物的收成，对马铃薯为害最甚。在牧业区对于草场的破坏亦大，盗食草根，致使草场植物死亡；在挖掘时所造成的土丘亦掩埋了大片草场，使牧草不能较好地生长。另外，还可传播鼠疫等流行疾病。在林区，主要为害幼龄树木，啃食树木幼根，是樟子松林的大敌。

◆ 防治措施

草原鼢鼠物理防治主要包括弓箭法、射杀法和铗日法等。化学防治通常选用 C 型肉毒杀鼠素、D 型肉毒灭鼠剂，以胡萝卜或马铃薯等作为诱饵进行防治。生态防治方法是因地制宜地选择造林树种和造林方式，破坏草原鼢鼠栖息环境。

灰仓鼠

灰仓鼠是啮齿目仓鼠科仓鼠属的一种。

◆ 地理分布

灰仓鼠是中亚地区分布广泛、适应性强的小型仓鼠。在中国新疆农区是危害数量仅次于小家鼠的"伴人"害鼠。新疆境内至少存在 3 个亚种：喀什亚种、喀拉湖亚种、伏龙芝亚种。在中国主要分布于西北地区。

◆ 形态特征

灰仓鼠为仓鼠属中体形中等种类，尾长大于后足长，为体长的 1/4 ～ 1/3。体毛毛色因产地不同有所差异，不同年龄和性别个体毛色差异较大。体躯背侧毛色由灰、沙黄乃至棕灰。腹面毛色纯白，或仅腹部具灰色毛基；亦有少数标本胸腹部与鼠蹊部灰色毛基。背腹毛色在体侧呈波状镶嵌，界限分明。尾上下皆白色。耳壳毛色同体背，无白色耳缘。头骨狭长，鼻骨也较长。额骨隆起，眶上嵴不明显，眶间平坦。脑颅圆，顶骨扁平。顶间骨发达，略呈三角形，顶间骨的宽度为其长度的 2～3 倍。听泡较小，门齿细长，臼齿具两纵列相对称的齿尖。

◆ **生物学习性**

灰仓鼠的栖息环境多样，其垂直分布可从低于海平面的吐鲁番盆地的荒漠平原、半荒漠平原上升至低山丘陵草原、山地草原、山地森林草原、亚高山草甸，甚至海拔 3000 米以上的高山草甸。喜在比较干燥的各类生境栖息。平原灰仓鼠多栖息在农田、庭院以及城乡接合部，或在土木建筑物内筑洞栖居。20 世纪 80 年代前，在新疆凡有人类生产活动的地方几乎皆有灰仓鼠的踪迹。随着现代化建设的发展和褐家鼠的迁入，其地位已逐步被褐家鼠替代。

灰仓鼠的食物种类非常多样，四季都有储食习性，在农村麦场和库房周围或土木建筑的居民区，常在灰仓鼠洞穴或窝内发现大量小麦、玉米、大豆、葵花等农作物种子。

◆ **危害**

灰仓鼠给农业经济作物可造成一定的危害，主要对早春春播的各类农作物种子、夏秋季的各类谷物作物，以及花生、玉米、葵化等经济作物产生危害。

◆ **防治措施**

灰仓鼠属于嗜种子鼠类，利用其储存食物的特性，在其活动区布放小号鼠夹，或投放 0.1% 的敌鼠钠盐毒饵或 0.01% 的第二代抗凝血杀鼠剂毒饵粉，可有效防治该鼠。

小毛足鼠

小毛足鼠是啮齿目仓鼠科毛足鼠属的一种。

◆ 地理分布

小毛足鼠在中国主要分布在东起吉林、辽宁的西部，向西经内蒙古、河北、山西、陕西、宁夏、甘肃、青海至新疆的北部区域。

◆ 形态特征

小毛足鼠是仓鼠科中体形较小的种类，体长 65 ～ 100 毫米，通常不超过 90 毫米，背部中央不具有黑色条纹，腹毛色纯白，背腹界限清晰，无镶嵌现象，耳内侧被白色短毛，外侧毛为灰色，后部为白色，尾及前后足均为白色。

◆ 生物学习性

小毛足鼠的性情温顺、行动迟缓、不善奔跑，多夜间活动，以傍晚和黎明时活动最为频繁，无冬眠习性，整年都见活动，即使在 -20℃ 的冬晨，仍可见其足迹。

◆ 生活史特征

小毛足鼠的繁殖无季节差异，其中雌性繁殖期为 8 个月，雄性繁殖期为 9 个月，有年间差异。种群年龄组成季节变化明显，通常春季成年组多于幼年和亚成年组，夏季幼年鼠和亚成鼠所占比例增加，秋季幼年组和亚成年组个体较多，所占比例增高。

◆ 危害

小毛足鼠主要以经济作物、粮食作物和固沙植物的种子为食，体生大量的寄生虱、跳蚤及螨等，还是多种鼠传疾病的宿主，可传染多种人兽共患疾病，但对人类流行病传染不明显。

◆ **防治措施**

可采用生物防治、物理防治、化学防治和不育控制等方法或者综合防治技术对小毛足鼠进行控制。

子午沙鼠

子午沙鼠是啮齿目鼠科沙鼠属的一种。俗名黄耗子、黄尾巴鼠、中午沙鼠、午时沙土鼠等。

◆ **地理分布**

子午沙鼠是欧亚大陆中部广布鼠种之一，北到蒙古和俄罗斯，西到哈萨克斯坦、塔吉克斯坦、阿富汗和伊朗等国家和地区；在中国分布于河北张家口，内蒙古锡林郭勒西部，山西中北部及陕北和关中地区，宁夏、青海东部和柴达木盆地，新疆全境。

◆ **形态特征**

子午沙鼠成体长 100 ～ 150 毫米，体重 45 克以上；尾长几与体长相等。耳壳明显突出毛外。体背面呈浅灰黄沙色至深棕色，体侧呈沙灰色；体腹面纯白色；尾上下一色，呈鲜棕黄色，有时下面稍淡，尾端通常有明显黑褐色毛束；足底覆有密毛；爪浅白色；耳壳前缘列生长毛。

◆ **生物学习性**

子午沙鼠适应干旱或半干旱多种生境。在荒漠中固定与半固定灌丛沙丘、沙梁低地、水渠堤岸土堆坟地均有分布。常与三趾跳鼠、小毛足鼠等荒漠鼠种共栖。

子午沙鼠的洞穴较简单，一般有夏季洞和冬季洞，分布不集中。夏季洞穴洞口一般位于多年生草本高草丛或灌木丛中，农区夏季洞穴的洞口筑在墙根或稍高的田埂处。洞口直径3～6厘米，洞道多分支相互连接，备有盲端，以备逃脱天敌。洞道深约1米，总长2～3米，有巢室1个和生殖室3～4个，巢材多样，多为禾本科植物，盘形。冬季洞穴较夏季洞穴复杂，洞道更长更深，常有多个个体共同居住。

子午沙鼠的食物来源和种类会因食物资源的不同而有所变化。取食对象主要为植物茎叶和种子，如梭梭、柽柳、泡泡刺等沙生植物。农区主要取食作物幼苗、茎、叶、花和种子等，偶尔取食昆虫；在冬季则以蒺藜、苍耳和狗尾草等的种子为食。夜间活动，活动距离为60～870米。觅食时趋于远离洞口，仅在交尾期或哺乳期才限于洞系周围取食。随季节的变化有迁移觅食习性。

◆ **生活史特征**

子午沙鼠3月下旬即开始繁殖，繁殖期在3月下旬至10月上旬，为期6.5个月左右，胎仔数为1～10个，一般在5个左右。

◆ **危害**

子午沙鼠破坏荒漠和半荒漠牧场的饲料条件，并为害固沙植物。在黄土高原上，其洞穴可加速水土流失。亦带有多种传染病的病菌，能传播Q热、沙门氏菌病、鼠疫、土拉伦菌病、李斯特菌病、类丹毒、利氏曼原虫病、毒浆体病、蜱传回归热和布鲁氏菌病等疾病。在子午沙鼠鼠疫自然疫源地内可终年检出感染鼠疫的沙鼠。

◆ **防治措施**

对子午沙鼠提倡天敌防治和生态防治。如遇大面积暴发时可用毒饵法消灭，用不带皮的种子作为诱饵。在春秋两季最活跃的季节防治最佳。以间隔宽 70 米、浓密带状撒播种子拌成的毒饵灭效较好。

五趾跳鼠

五趾跳鼠是啮齿目跳鼠科东方五趾跳鼠属的一种。俗名跳兔、西伯利亚跳鼠、驴跳、硬跳儿。

◆ **地理分布**

五趾跳鼠在中国北方分布较广，从西藏、新疆到东三省均有分布，最南可分布至甘肃岷县，是唯一能往南分布到黄土高原和穿越阴山山脉进入华北平原北缘的跳鼠。栖息生境多样。

◆ **形态特征**

五趾跳鼠是中国境内最大的一种跳鼠。体长 112 ～ 160 毫米，尾长 118 ～ 275 毫米，耳长 31 ～ 45 毫米，后足长 33 ～ 70 毫米。头圆眼大；吻鼻部圆钝；后足健壮，为前足长的 3 ～ 4 倍，5 趾，中间的 3 趾发达，蹞趾和第五趾短；尾长接近体长的 1.5 倍。头、体背面和四肢外侧棕黄色，臀部两侧有一白色纵带往后延展至尾周部。尾基上方浅棕黄色，腹面污白，末端具黑色和白色长毛构成的"旗"，黑色部分呈环状，其前方的一段尾毛为污白色。上门齿唇面白色，显著前倾，平滑无沟。

◆ **生物学习性**

五趾跳鼠的洞穴简单，洞道近水平走向，一般有两个洞口，一明一暗。临时洞较小，没有曲折，洞口经常从里面向外面堵住。平时多在临时洞中栖息。以植物种子、绿色部分以及昆虫为食。有时动物性食物比例甚高，可达 70% ～ 80%。在短花针茅草原上，主要植物性食物为冷蒿、木地肤、阿尔泰紫苑、冠芒草、小画眉草、短花针茅、无芒隐子草、葱属植物、猪毛菜、茵陈蒿等。

五趾跳鼠常于早晨和黄昏活动，有时白天也外出活动。有冬眠习性，在内蒙古呼和浩特地区开始出蛰时间为 3 月底或 4 月初，出蛰顺序为先雄后雌；入蛰开始时间为 9 月底或 10 月初，入蛰顺序先雌后雄。

◆ **生活史特征**

每年的 4 ～ 7 月为五趾跳鼠的繁殖期，绝大多数 1 年繁殖 1 次。5月份是怀孕高峰期，繁殖高峰集中在 5 ～ 6 月。

◆ **危害**

五趾跳鼠主要为害固沙植物幼嫩部分，如沙蒿、柠条、沙柳等，也食固沙的植物种子，并啃食树苗。在农区盗食播下的种子，咬食作物及瓜苗等，是农林牧业的害鼠之一。能传播鼠疫、蜱传回归热等疾病。

◆ **防治措施**

五趾跳鼠一般不会形成大规模的对人类和生态环境过重的危害。如有特殊年份其数量发生大暴发，投放低毒或无毒鼠药就可以控制其种群数量。生物防治主要通过人为干扰、生物防控等方面对害鼠进行控制，使其数量处于鼠害发生的阈值之下。

第 3 章

入侵动物

烟粉虱

烟粉虱是半翅目粉虱科小粉虱属的一种。烟粉虱几乎分布于世界各国和中国所有的省、自治区、直辖市。

◆ 形态特征

烟粉虱卵椭圆形，长约 0.2 毫米，顶部尖，端部有卵柄。卵初产下时为白色或淡黄绿色，孵化前变为深褐色。

烟粉虱若虫有 4 个龄期，1 龄若虫有足和触角，体周围有蜡质短毛，尾部有 2 根长毛。2 龄以后足和触角退化，固定在叶片上取食。

烟粉虱蛹壳椭圆形，有时边缘凹入。亚缘区不与背盘区分开，缘齿不规则。在光滑无毛的叶子背面的蛹壳背面不具长刚毛，而在具毛叶子上，背面多达 7 对刚毛，有时刚毛很长。蛹壳由于季节和在寄主上的位置不同，其颜色也不同，可为无色到棕色。

烟粉虱雌成虫体长约 0.91 毫米，雄成虫体长约 0.85 毫米。体

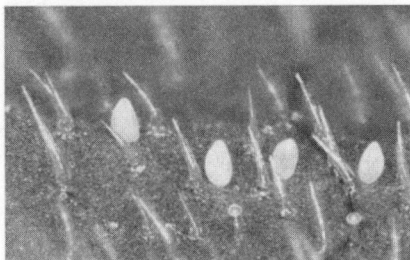

烟粉虱卵

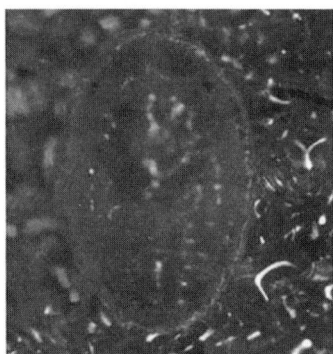

烟粉虱 1 龄若虫

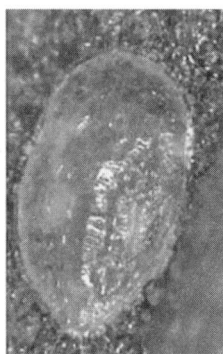

烟粉虱 2 龄若虫

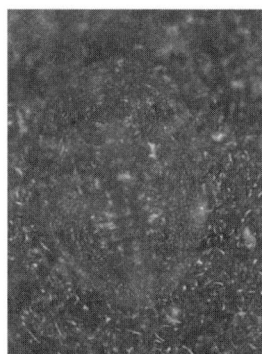

烟粉虱 3 龄若虫

淡黄色，翅白色无斑点，密被白色蜡粉。前翅具纵脉 2 条，后翅 1 条。跗节 2 爪，中垫狭长如叶片。雌虫尾部尖形，雄虫呈钳状。

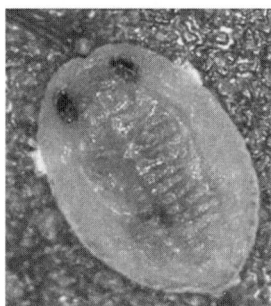

烟粉虱 4 龄若虫

烟粉虱成虫

◆ 生物学习性

烟粉虱为多食性害虫，寄主范围广泛。除去重复的统计，中国已记录烟粉虱的寄主植物约为 57 科 245 种。

◆ 生活史特征

烟粉虱的生长发育与温度有关，发育起点温度为 10℃，生育适温为 25 ～ 28℃。在 25℃ 时从卵到成虫需 16 ～ 21 天，成虫寿命 10 ～ 22 天，最长的可达 1 个月以上。夏秋连续干旱高温有利于烟粉虱生长发育和繁殖。烟粉虱在中国南方地区 1 年发生 10 ～ 15 代，北方地区露地不能越冬，保护地可越冬，1 年发生 10 代。在干热气候条件下容易暴发。

◆ **危害**

烟粉虱是植物病毒的重要传播媒介，为世界性大害虫。根据交配行为、遗传结构等的研究，确认烟粉虱是复合种。中国为害严重的烟粉虱B型和Q型，分别被鉴定为烟粉虱"中东—小亚细亚1种"和"地中海种"，均是外来物种，分别于由20世纪90年代末期和21世纪初期入侵中国。

◆ **防治措施**

烟粉虱的控制需要采取综合防治措施。烟粉虱主要随花卉、苗木及蔬菜的调运而进行远距离传播，通过采取检疫措施，可有效控制烟粉虱的传播与扩散。农业防治：可以采用培育无虫苗、清洁田园及周边杂草等措施。物理防治措施：采用黄板诱杀、高温闷棚等。生物防治：可以利用丽蚜小蜂、草蛉等控制虫量。化学药剂防治：可选用10%吡虫啉、1.8%阿维菌素、0.26%苦参碱、5%啶虫脒、5%锐劲特、25%扑虱灵等高效低毒农药，对成虫、卵、若虫均有理想防治效果。

稻水象甲

稻水象甲是鞘翅目象甲科稻水象属的一种。

◆ **地理分布**

稻水象甲原发现于美国密西西比河流域，1988年在中国河北唐海首次发现，已分布于台湾、河北、河南、天津、北京、辽宁、吉林、黑龙江、内蒙古、山西、陕西、宁夏、山东、安徽、浙江、福建、江西、湖北、湖南、广东、广西、云南、贵州、四川、重庆、新疆等地。除美国和中国外，加拿大、墨西哥、古巴、多米尼加、哥伦比亚、圭亚那、意大利等国均有分布。

◆ **形态特征**

稻水象甲成虫体长 2.6 ～ 3.8 毫米（不含管状喙），体壁褐色，密被相互连接的灰色鳞片。前胸背板和鞘翅的中区无鳞片，呈黑褐色或暗褐色。喙端部和腹面，触角沟两侧，头和前胸背板基部，眼四周，前、中、后足基节基部，腹部第三节、第四节腹面及腹部末端被黄色圆形鳞片，其余各部鳞片均灰色。喙近扁圆筒形，略弯曲，与前胸背板约等长。触角膝状，柄节棒形，触角棒倒卵形或长椭圆形，长为宽的 2.0 ～ 2.1 倍，分为 3 节；前胸背板宽略大于长，前端略收缩，两侧边近直形，小盾片不明显；鞘翅明显具肩。足腿节棒形，无齿；胫节细长弯曲，中足胫节两侧各有一排长的游泳毛。卵圆柱形，有时略弯，两端圆，长约 0.8 毫米，初产时呈珍珠白色。幼虫共 4 龄，老熟幼虫体长 10 毫米左右，白色，头部褐色，无足，腹部第 2 ～ 7 节背面各有 1 对向前伸的钩状呼吸管，气门位于管中。老熟幼虫在寄主根系上作茧，后在茧中化蛹。蛹茧黏附于根上，卵形，土灰色，长径 4 ～ 5 毫米，短径 3 ～ 4 毫米。蛹白色，复眼红褐色。

◆ **生物学习性**

稻水象甲营孤雌生殖。可取食多种植物。耐高温和低温。中国各地发生的稻水象甲均为雌虫，无雄虫。成虫可取食 13 科 100 多种植物，尤其嗜食禾本科、莎草科植物，如水稻、稗、千金子、双穗雀稗、李氏禾、早熟禾、牛筋草、白茅等；幼虫能在 6 科 30 余种植物上完成发育。以成虫滞育越夏越冬。

◆ **生活史特征**

春季气温上升后，稻水象甲成虫先在越冬场所取食幼嫩杂草，然后陆续迁至水稻秧苗上取食和产卵。产卵环境需有水，只在浸没于水中的叶鞘上产卵。卵沿叶鞘纤维纵向产于其中，单产，有时少数几粒产在一起。初孵幼虫先在孵化处取食少量叶鞘组织，不久即掉落水中，通过蠕动到达水稻根部进行取食。在根部化蛹。在中国1年发生1～2代，单季稻区仅发生1代，双季稻区可发生2代，但第二种群密度通常较低，不造成危害。在单季稻区，第一代成虫羽化后先取食，待飞行肌发育后迁至稻田附近有禾本科植物生长的场所蛰伏，或直接在田埂上蛰伏，直到翌春才恢复活动；在双季稻区，第一代成虫大多数进入蛰伏场所越夏越冬，仅一小部分迁至晚稻田取食产卵，形成第二代。

◆ **危害**

稻水象甲成虫取食叶片，沿叶脉啃食叶肉，被取食部位仅存透明下表皮，形成长短不等的白色条斑。低龄幼虫蛀食稻根，高龄幼虫在稻根外部咬食，造成断根。被害植株根系发育不良，分蘖减少，植株矮小，光合作用效率下降，从而影响产量。成虫一般不造成明显经济损失，幼虫取食根部是导致产量损失的主要原因。

◆ **传播途径**

稻水象甲成虫主要通过稻草、稻谷调运以及交通工具携带进行远距离传播，通过稻苗调运、自身随水流和风等迁移、趋光飞行进行短距离传播和扩散。

◆ 防治措施

加强检疫和监测

加强检疫是预防稻水象甲传入的首要措施。通过行政手段划定疫区，设立检疫检查站，禁止从疫区调运秧苗、稻草及用疫区的稻草做填充材料。从疫区调运稻谷前需先进行严格检疫。

主要通过观察稻水象甲成虫取食斑监测发生动态。在疫区以及邻近传入风险高的地区，在水稻栽种之前调查寄主植物上有无疑似成虫取食斑，调查场所包括水稻秧田、田埂及邻近有禾本科植物生长的区域。水稻栽种后，重点调查靠近田埂的数行稻株及田边杂草。若发现疑似取食斑，先观察植株上有无成虫，再采用盘拍法检查。对生长于水中的植株，还需检查植株被水浸没的茎秆、叶片上有无成虫。

化学防治

使用化学农药是当前防治稻水象甲的首要方法，采用"防成虫控幼虫"的策略，即在冬后成虫盛发、产卵前施药，以降低后代幼虫数量。

农业防治

主要有调整水稻播种期、降低田间水位、搁田等方法。适当迟栽可使苗期避开冬后成虫迁入高峰期、产卵高峰期；也可适当早栽，使稻株在幼虫为害高峰到来之前即具备发达根系，提高耐害能力。由于稻水象甲成虫需将卵产于水面以下的叶鞘，在产卵期降低田间水位可减轻为害。土中幼虫通过蠕动进行根须间转移，故在幼虫发生期排水搁田2周，可减少幼虫活动和取食，有效减轻危害。

德国小蠊

德国小蠊是蜚蠊目蜚蠊科小蠊属的一种。又称德国蟑螂。

◆ 地理分布

德国小蠊原产于东北非。美国、日本、加拿大等国家，以及欧洲、北非等地区，全世界从热带、亚热带、温带、寒带以至极寒带均有分布。中国主要分布于云南、贵州、四川、西藏、广西、广东、福建、上海、北京、辽宁、黑龙江、内蒙古、陕西、新疆等地。

◆ 形态特征

德国小蠊体小型。淡赤褐色，雄虫狭长，雌虫较宽短。头顶外露，头顶与复眼间赤褐色，脸面褐色，褐中央色稍深。复眼棕黑色，单眼黄色，单、复眼间距相等，约为触角窝间距的1/2。触角柄节圆筒形，褐色，鞭节念珠状，赤褐色。下颚须粗短，端节淡赤褐色，末端深褐色。下唇须纤细，褐色，表面具毛。前胸背板褐色，侧缘半透明，最宽处接近后缘，略为梯形，前缘弧形，后缘略向后凸出呈角状，中央有两条深赤褐—黑褐色纵条纹，黑纹宽度比其间距为狭，有的个体黑纹夹杂褐色，不很明显；中、后胸背板污褐色至黑褐色，腹板赤褐色。前翅狭长，超过腹端，质稍厚实；后翅无色透明臀域纵脉褐色，横脉无色，其余区纵脉和横脉黄色。足赤褐色。腹部污赤褐色；腹板污赤褐色，各节后侧角钝形。肛上板雄虫淡褐色，半透明，基部褐色，长明显大于宽，后缘弧形，如牛舌，雌虫基部宽，赤褐色，端部狭，白色，末端钝角，侧缘倾斜，略向内凹，整体略呈三角形；下生殖板雄虫左右不对称；雌虫下生殖板宽大，表面隆起，前缘近半圆形，后缘缓弧形，全板似馒头。雄虫左阳茎叶形状如镰刀状，阳茎端部呈绳状扭曲；尾须深赤褐色，强大多毛。

◆ 生活史特征

德国小蠊的发育属不完全变态，整个生长发育过程要经过卵、若虫和成虫3个阶段。在中国南方，德国小蠊1年发生1代，以滞育若虫越冬，适宜的环境条件时，若虫在发育期内仅蜕皮7次；当环境条件不适时，若虫可蜕皮9次。同时，若虫的发育速率明显受环境条件的影响，长光照条件与高温促进若虫发育，而短日照和低温则抑制若虫发育，过高温和低温均不利于德国小蠊繁殖。

◆ 危害

德国小蠊能携带多种病原体传播疾病，如痢疾、伤寒、霍乱、阿米巴病等。

◆ 监测检测技术

德国小蠊因国际贸易往来，在商品流通的过程中传入中国。若虫和成虫可经由家具、作物、货物、食品运输和交通工具携带传播扩散。同时，也可以经由成虫在栖息环境周围主动扩散。因此，通过对疫区上述调运物资进行严格的检疫，可防止德国小蠊扩散传播。

◆ 防治措施

加强对调运的作物、货物及交通工具的检疫，防止德国小蠊随货物及交通工具传播扩散。对已发生德国小蠊危害的地区先进行监测，防治方法可采用人工、物理防治和化学防治。其中，对德国小蠊防治效果较好的化学农药有氯氰菊酯、氟氯氰菊酯、溴氰菊酯、毒死蜱等，由于德国小蠊对化学药剂很容易产生抗性，在使用化学防治时，注意不同的化学药剂（或剂型）交替使用。

螺旋粉虱

螺旋粉虱是半翅目粉虱科复孔粉虱属的一种。

◆ 地理分布

螺旋粉虱原产于美洲地区，最早发现于美国佛罗里达州，印度、泰国、斯里兰卡、菲律宾及马来西亚等国分布，中国主要发现于台湾、海南。

◆ 形态特征

螺旋粉虱卵大小约 0.3 毫米，长椭圆形，表面光滑，有卵柄与叶片相连。卵散产或排列成螺旋状产于叶片背面，其上覆盖或旁堆白色蜡粉。

螺旋粉虱蛹壳黄绿色，有丰富的棉絮状蜡质分泌物延伸出体缘，从腹面延伸到寄主植物叶面上。蛹壳中央区稍隆起，蛹壳体背有 5 对复合孔，1 对位于前胸，其余位于腹部第三到第六节，各1 对，每个复合孔中央均有 1 个锥状突起。皿状孔微心形，宽大于长，舌状突大，呈舌状，超出皿状孔的后缘，舌状突端部有 4 根刚毛。盖片方形，覆盖皿状孔约一半区域。

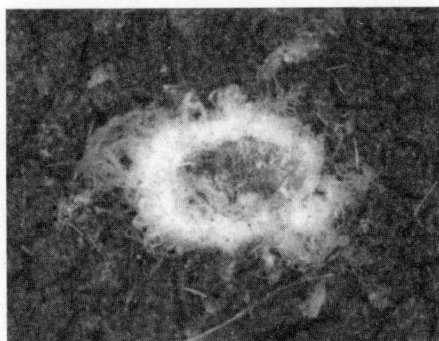

螺旋粉虱的伪蛹

螺旋粉虱成虫翅展 3.50 ～ 4.65 毫米，雌雄个体均具有 2 种形态，即前翅有翅斑型和前翅无翅斑型。前翅有翅斑的个体明显较前翅无翅斑的大。成虫腹部两侧具有蜡粉分泌器。

◆ 寄主

螺旋粉虱寄主在中国台湾地区记录65科156种，在海南岛记录49科97属115种，包括果树、蔬菜、观赏性植物，以及树荫、森林树木等。常见的有番石榴、木薯、龙眼及木瓜等。

◆ 生活史特征

螺旋粉虱的发育包括卵、1～4龄若虫（伪蛹）和成虫。世代发育起点温度为8.88℃，有效积温为511.86℃·日，在海南岛1年可发生8～9代，且世代重叠，无明显越冬虫态。成虫多集中在晴天的上午活动。可行两性生殖和孤雌生殖。

◆ 危害

螺旋粉虱的寄主范围广，危害严重，传播迅速，在海南岛可常年暴发。

◆ 防治措施

常用化学防治方法，吡虫啉、啶虫脒、灭多威、高效氯氰菊酯、乐果等对螺旋粉虱成虫及若虫均具有理想防效。物理防治可以使用黄色粘虫板。生物防治可以施用捕食性天敌丽草蛉、双带盘瓢虫、六斑月瓢虫等。

美洲斑潜蝇

美洲斑潜蝇是双翅目潜蝇科斑潜蝇属的一种。

◆ 地理分布

美洲斑潜蝇在全世界广泛分布。中国于1994年在海南首次发现后，已扩散到广东、广西、云南、四川、山东、河北、北京、天津等地区。

◆ **形态特征**

美洲斑潜蝇雄成虫翅长 1.3 ～ 1.6 毫米，雌成虫翅长 1.4 ～ 1.8 毫米。额宽约为眼宽的 1.5 倍，稍凸出于眼眶。额、颊、颜及触角亮黄色，眼后缘黑色，外顶鬃着生处暗色，内顶鬃着生在黄色与暗色交界处。中胸背板光亮黑色，中鬃不规则 4 排。小盾片黄色，上前侧片黄色，下缘有黑色斑，下前侧片有 1 个三角形大黑斑。腋瓣边缘和腋瓣毛灰色。足基节、腿节黄色，胫节及跗节暗褐色。

◆ **危害**

已知美洲斑潜蝇的寄主植物有 33 科 147 属，中国已记载 19 科 60 多种植物。以豆科、葫芦科、茄科、十字花科、锦葵科及菊科等受害严重。幼虫潜食叶肉，叶片可见弯曲蛀道，由细渐粗，不仅影响光合作用，而且影响食用和观赏价值。该种昆虫已给中国的蔬菜和花卉生产造成了严重经济损失。

◆ **生活史特征**

美洲斑潜蝇雌成虫用产卵器刺破寄主叶片上的表皮，然后吸食汁或产卵。雄成虫不能刺伤叶片，但可取食雌成虫刺伤点中的汁液，叶面上可见到大量的灰白色小斑点。卵多产在已伸展开的第三、四片叶的上表皮和下表皮之间。幼虫孵化后立即潜食叶肉，仅在叶片的栅栏组织中为害，多不为害下部的海绵组织。老熟幼虫脱离潜道，在植物体上或掉落于土壤中化蛹。成虫羽化高峰在 8 ～ 14 时较盛。在中国各地每年发生 3 ～ 24 代，世代重叠严重。

◆ **防治措施**

美洲斑潜蝇的天敌有姬小蜂、潜蝇茧蜂、反颚茧蜂。

三叶草斑潜蝇

三叶草斑潜蝇是双翅目潜蝇科斑潜蝇属的一种。又称三叶斑潜蝇。

◆ **地理分布**

三叶草斑潜蝇的起源与分布范围源于北美洲，20 世纪 70 年代初，其为害范围已跨越美国东部，向北延伸至安大略湖，南至巴哈马、圭亚那和委内瑞拉。至 70 年代末已扩散至整个欧洲大陆，并蔓延至亚洲和非洲。现分布于北美洲、南美洲、欧洲、非洲、亚洲和大洋洲。

在中国，台湾于 1988 年发现三叶斑潜蝇的为害，至 2005 年底在广东发现，随后逐步扩散至海南、广西、福建、浙江、上海、江苏、安徽、江西、湖北、山东、河南和河北。现在主要为害东南沿海地区的蔬菜和花卉作物。

◆ **形态特征**

三叶草斑潜蝇成虫双顶鬃着生处黄色，体形与美洲斑潜蝇相似。中胸背板灰黑色，大部分无光泽，后角黄色，中鬃很弱，前方不规则 3～4 行，后方 2 行，或缺失。雄虫外生殖器端阳体淡色，分为两片，外缘明显缢缩，中阳体狭长，后段常透明，基阳体前段淡色，背针突具 1 齿，精泵叶片狭小，两侧对称，呈透明状。卵椭圆形，乳白色，半透明。大小为（0.2～0.3）毫米×（0.10～0.15）毫米。

三叶草斑潜蝇幼虫初孵半透明，随虫体长大渐变为黄色至橙黄色。

老熟幼虫体长 2～3毫米，后气门突末端 3 分叉，其中 2 个分叉较长，各具一气孔开口。蛹鲜黄色至橙黄色，腹面略扁平。

◆ **生活史特征**

在中国，三叶草斑潜蝇在江苏地区 1 年发生 6～7代。不同地区为害高峰期为：海南 2～4月，广州 7～10月，杭州 9～10月，扬州 4～5月、8～10月，南京 5～6月、9～10月。白天活动，每天 11:00～19:00 是三叶斑潜蝇最活跃的时间。日活动规律雌雄无差异。大部分成虫羽化后 24 小时内交配，一次交配即可使全部卵受精，雌雄均可多次交配。产卵量随温度和寄主植物而差异较大，从几十粒到几百粒不等。广东、广西、福建、海南等地区可终年发生。

◆ **危害**

三叶草斑潜蝇以为害蔬菜、花卉作物为主。寄主作物有豇豆、菜豆、西瓜、黄瓜、丝瓜、甜瓜、冬瓜、芹菜、茼蒿、莴苣、白菜、甜菜、生菜、油菜、菠菜、油麦菜、番茄、扁豆、豌豆、辣椒、茄子、苜蓿、马铃薯、棉及花卉作物等。

三叶草斑潜蝇和美洲斑潜蝇为害特点类似。但种群密度高时，除叶片外，幼虫在寄主其他部位亦具较高生长发育的潜力。在野外，温度可能是限制其种群分布的重要因子之一。单作豇豆有利于三叶斑潜蝇暴发和取代美洲斑潜蝇。在无人为干扰情况下，斑潜蝇难以达到经济危害水平，其中最主要的原因就是自然条件下存在着大量的寄生性天敌。斑潜蝇是典型的由于化学农药的大量应用导致其从次要害虫转为主要害虫的案例。尤其是三叶斑潜蝇对农药的抗性相对较强，也是其难于控制的根本原因，同时农药的不合理使用亦是导致其暴发、扩散和取代美洲斑潜蝇的主要原因之一。

◆ **防治措施**

三叶草斑潜蝇的防治措施有：①及时铲除田边杂草等野生寄主。②经常清理残枝落叶。③冬耕深翻，春耕浅翻。④蛹期大水漫灌。⑤间作、轮作趋避作物。可采用阿维菌素或灭蝇胺进行化学防治。其他防治技术同美洲斑潜蝇。

锈色棕榈象

锈色棕榈象是鞘翅目象虫科棕榈象属的一种。又称红棕象甲、椰子甲虫、亚洲棕榈象甲。

◆ **地理分布**

锈色棕榈象原产于南亚和东南亚。1906年，锈色棕榈象作为椰子的主要害虫在印度首次报道。1920年在伊拉克发现。到20世纪80年代中期，锈色棕榈象作为海枣的主要害虫在中东地区大面积暴发。此后，逐渐由北非向欧洲蔓延。90年代末，几乎使地中海沿岸国家和地区的油棕全部死亡。至2023年，已广泛分布于全球，欧洲包括阿尔巴尼亚、克罗地亚、波兰、西班牙、英国、乌克兰等国，亚洲包括孟加拉国、柬埔寨、印度、伊朗、伊拉克、约旦、老挝、越南、泰国等国，非洲包括阿尔及利亚、埃及、利比亚、摩洛哥等国，大洋洲包括澳大利亚、所罗门群岛、萨摩亚等国，还有美国和荷属安的列斯群岛等40多个国家和地区。中国于20世纪90年代在福建厦门首次发现锈色棕榈象，随后广东、广西、海南、云南、上海、浙江、重庆、贵州陆续发现此虫为害。中国14个省、自治区、直辖市已经不同程度地受到锈色棕榈象的为害，面积覆盖长江以南广大地区，并有进一步蔓延扩散趋势。

◆ **形态特征**

锈色棕榈象成虫红褐色，体长19～34毫米，宽8～15毫米。触角膝状，柄节和索节黑褐色，棒节膨大呈红褐色。喙圆柱形，近基部中央向端部具一条中纵脊；雄虫喙的表面较为粗糙，纵脊两侧各有一列瘤，喙的背面近端部起1/2处被有一丛短的褐色毛；雌虫喙的表面光滑无毛，且较细并弯曲。前胸前缘小，向后逐渐扩大，略呈椭圆形，前胸背板具两排黑斑，排列成前后2行，前排3个或5个，中间一个较大，两侧的较小，后排3个均较大，有极少数虫体没有两排黑斑；小盾片呈狭长倒三角形。鞘翅较腹部短，鞘翅边缘（尤其侧缘和基缘）和接缝黑色，有时鞘翅全部暗黑褐色，每一鞘翅上具有6条纵沟，身体腹面黑红相间，腹部末端外露；各胸腿节和胫节末端黑色，跗节黑褐色。

卵乳白色，具光泽，长卵圆形，光滑无刻点，两端略窄并略透明，卵孵化前其前端有一暗红色斑，平均大小2.36毫米×0.93毫米。

幼虫身体粗壮，体表柔软，皱褶，无足，气门椭圆形，8对。头部发达，凸出，具刚毛。腹部末端扁平略凹陷，周缘具刚毛。初孵幼虫体乳白色，比卵略细长。老熟幼虫体黄白至黄褐色，略透明，可见体内一条黑色线位于背中线位置。头部坚硬，蜕裂线Y字形，两边分别具黄色斜纹。体大于头部，纺锤形，可长达50毫米。

蛹为离蛹，长20～38毫米，宽9～16毫米，长椭圆形，初为乳白色，后呈褐色。前胸背板中央具一条乳白色纵线，周缘具小刻点，粗糙。中胸最宽，向前和向后逐渐变细。喙长达前足胫节，触角长达前足腿节，翅长达后足胫节。触角及复眼凸出，小盾片明显。

◆ **生活史特征**

锈色棕榈象在中国大部分地区1年可发生2～3代。成虫通常在白天活动，可长距离飞行寻找寄主，且一生可多次交配；成虫寿命变化较大，雌虫平均100.6天，雄虫平均119.3天。雌虫多产卵于植株的幼嫩组织中、叶柄的裂缝或组织暴露部位，还经常在由二疣犀甲造成损伤的部位产卵。卵单产，单雌产卵量162～350粒，平均221.4粒，通常雌虫在死亡前10天停止产卵。初孵幼虫取食植物多汁部位，并不断向深层部位取食，形成纵横交错的隧道。老熟幼虫用吃剩的植物纤维结茧，茧呈圆筒状，结茧需2～4天，随后老熟幼虫在茧中化蛹。

◆ **危害**

锈色棕榈象主要为害棕榈科植物，在中国南方的寄主达17种，主要有椰子、油棕、加拿利海枣、霸王棕、美丽针葵、酒瓶椰子等。以成虫在树干或位于地表根部的受害部位如伤痕、裂口或裂缝产卵，幼虫孵化后潜入树干。早期为害很难被察觉，后期被害树与健康树有明显差异。为害初期时，新抽的叶片残缺不全，用耳朵或医用听诊器贴近受害树茎干，能听到幼虫在茎内"沙沙"的蛀食声。为害后期，植物的中心叶片干枯，叶子减少，基部枯死；移开枯死的叶柄，通常会发现茧，剥开表皮后，也可看到幼虫钻蛀的坑道。受害严重的植株，心叶枯萎，生长点死亡，只剩下数片老叶，有的树干甚至被蛀食中空，只剩下空壳。树势渐衰弱，易受风折。为害生长点时，可使植株死亡。为害后期的植株即使发现也难以挽救。

◆ **防治措施**

化学防治

采用噻虫啉微胶囊悬浮剂、啶虫脒可溶性粉剂淋灌植株和苗木树冠部，以湿润为宜，对包装材料、运载工具以及染虫的堆放场所等以喷洒、浸泡的方式处理。还可以采用噻虫啉微胶囊悬浮剂和吡虫啉微胶囊悬浮剂打孔注药，在靠近生长点的干部打 2 ～ 3 个孔，孔径 1 ～ 1.2 厘米，孔深 7 ～ 10 厘米，孔与孔应上下错位，每孔注药 5 ～ 10 毫升。

诱集防治

鉴于锈色棕榈象成虫善于活动的习性，通过主要成分为 4- 甲基 -5- 壬醇、4- 甲基 -5- 壬酮和乙酸乙酯的信息素诱捕锈色棕榈象。聚集信息素具有缓释功能的微胶囊和 PVC 微管组成的诱芯包裹密封，以控制聚集信息素的释放速率，正常情况下，释放速率为 2 毫克 / 日。诱捕器通常由遮雨盖、集虫桶、漏斗等组成，与诱芯配合使用，并在集虫桶中加入清水，放入锈色棕榈象发生的区域使用。

椰子织蛾

椰子织蛾是鳞翅目织蛾科椰木蛾属的一种。又称椰子木蛾、食叶履带虫、黑头履带虫、椰蛀蛾。

◆ **地理分布**

椰子织蛾原产于印度、斯里兰卡。2013 年，在中国海南省万宁市首次发现椰子织蛾为害。中国海南、广东、广西等地，以及印度、斯里兰卡、孟加拉国、缅甸、印尼、巴基斯坦、泰国和马来西亚都有分布。

◆ 形态特征

椰子织蛾卵半透明乳黄色，长椭圆形，具有纵横网格，成堆产于叶片上。

椰子织蛾幼虫 5 ～ 8 个龄期。雌雄幼虫大小相似，雄虫第六到第八龄幼虫期的第九体节前缘腹中腺表面出现一圆形表皮凹陷，雌虫无此凹陷，这一特征可用来辨别幼虫的性别。

椰子织蛾蛹红褐色。雄虫蛹质量（17.7±0.1）毫克，雌虫蛹质量（22.2±1.0）毫克。

椰子织蛾成虫大小跨度较大，通常雌性个体大于雄性。翅展 18.0 ～ 24.0 毫米。头部灰白色。下唇须乳白色，第二节腹面和内侧密布灰白色长鳞毛，鳞毛端部杂黑色；第三节散布黑褐色鳞片。触角柄节土黄色。鞭节乳白色，杂黑褐色。胸部和翅基片土黄色至暗灰色，散布黑色鳞片。前翅狭长，前缘略拱，顶角钝，外缘弧形后斜；土黄色至灰白色，散布黑色鳞片；前缘基部约 1/6 黑色，端半部具多条黑色细纵纹；中室中部和翅褶中部各具 1 枚黑点，均由 2 ～ 3 枚黑色竖鳞形成，中室端部密布暗灰色鳞片，末端具 1 枚模糊黑点；缘毛与翅同色。后翅灰褐色，缘毛基部 1/3 灰褐色，端部灰白色。前、中足乳白色，前足转节和腿节腹侧黑色，胫节外侧黑色，跗节具浅褐色环；后足土黄色。腹部 2 ～ 6 节有背刺。

◆ **生物学习性**

椰子织蛾成虫在 16:00 ~ 24:00 活跃，单日飞行距离可达 15 千米。

◆ **生活史特征**

雄虫比雌虫先羽化，雌蛾在叶片下表面产卵。在（28±2）℃、相对湿度为 70%±10%、以椰子老叶饲养的条件下，每雌产卵量约 170 粒，卵期大约 6 日，初孵幼虫开始取食叶片，幼虫期 39 日，蛹期 9 日，成虫寿命 7 日。椰子织蛾发育起点温度为 11.5℃，有效积温为 996.9℃·日，在海南每年 4 ~ 5 代。

◆ **寄主**

椰子织蛾的寄主有椰子、扇叶树头榈、枣椰树、贝叶棕、野生枣椰树、银海枣、西谷椰子、董棕、非洲棕、甘蓝椰子、蒲葵、香蕉。从产卵和取食方面来看，椰子织蛾喜欢扇叶树头榈，其次是椰子，再次是香蕉。

◆ **危害**

椰子织蛾以幼虫为害寄主叶片，留下排泄物，导致光合作用效率下降。为害严重的植株出现叶子干枯变褐。椰子织蛾侵染椰子后，可造成椰子减产，严重时可造成绝产。

◆ **传播途径**

椰子织蛾成虫可飞行扩散，远距离传播主要靠苗木和果实运输。

◆ **防治措施**

加强检疫

椰子织蛾主要靠苗木和果实远距离传播，故应实施严格的植物检疫。

对疫区调运的苗木进行严格检疫，尤其是棕榈科植物。

化学防治

作为应急措施，生产中常采用化学喷雾防治。推荐杀虫剂有甲维盐、苏云杆菌、氯虫苯甲酰胺等。

生物防治

椰子织蛾天敌较多，既有捕食性天敌（蜘蛛、壁虎、鸟类），又有寄生性天敌（赤眼蜂、茧蜂、啮小蜂、大腿小蜂等）。对于这些天敌，野外应加强保护；室内可进行扩繁后再野外释放，例如麦蛾柔茧蜂的扩繁释放与利用。

蔗扁蛾

蔗扁蛾是鳞翅目辉蛾科扁蛾属的一种。又称香蕉蛾、香蕉谷蛾。

◆ 地理分布

蔗扁蛾原产毛里求斯，在加那利群岛、意大利、荷兰、英国、比利时、巴西、美国等20多个国家和地区发现为害；在中国主要分布于北京、广东、广西、海南、福建、山东、河南、新疆、四川、天津、吉林、甘肃、上海、江苏、浙江等20余地。

◆ 形态特征

蔗扁蛾成虫体黄灰色，具强金属光泽，腹面色淡。体长7.5～9毫米，翅展18～26毫米，雄虫略小，体较扁。头部鳞片大而光滑，头顶的色暗且向后平覆，额区的则向前弯覆，二者之间由一横条蓬松的竖毛分开，颜面平而斜、鳞片小且色淡，下唇须粗长斜伸微翘，下颚须细长卷折，喙极短小，触角细长呈纤毛状，长达前翅的 2/3，梗节粗长稍弯。胸背鳞片大而平滑，翅平覆。前翅披针形，雌蛾有两个明显的黑褐色斑点和许多断续的褐纹，雄蛾则多连边较完整的纵条斑；后翅色淡，披针形，后缘的缘毛很长，雄蛾翅基具长毛束。足的基节宽大而扁平，紧贴体下，后足胫节具长毛，中距靠上。腹部平扁，腹板两侧具褐斑列。雄蛾外生殖器小而特化，雄蛾产卵管细长、常伸露腹端。蛹亮褐色，背面暗红褐色而腹面淡褐色，首尾两端多呈黑色；长约 10 毫米，宽约 4 毫米；头顶具三角形粗壮而坚硬的"钻头"。蛹尾端具一对向上钩弯的粗大臀棘固定在茧上；成虫羽化后，蛹壳半露不脱落。茧长 14 ～ 20 毫米，宽约 4 毫米；由白色丝织成，外表黏以木丝碎片和粪粒等杂物，常紧贴在寄主植物木质层内，不易被发现。幼虫乳白半透明状；老熟幼虫体长约 20 毫米，伸长可达 30 毫米，粗 3 毫米，头红褐色，胸部和腹部各节背面均有 4 个毛片，矩形，前 2 后 2 排成 2 排，各节侧面分别有 4 个小毛片，腹足 5 对。卵淡黄色，卵圆形，长 0.5 ～ 0.7 毫米，宽 0.3 ～ 0.4 毫米；散产或块产。

◆ **生活史特征**

蔗扁蛾营两性生殖，北京 1 年发生 3 ～ 4 代；主要以老熟幼虫在土表下越冬。成虫将卵产于寄主的茎或尚未展开的叶片上；幼虫有聚集为害的习性；成虫活跃、善爬、善钻缝隙，有强的负趋光性和夜出性。雌成虫可产 200 ～ 300 粒卵，多的可达 600 粒卵；卵期 6 ～ 7 天，幼虫期 50 ～ 60 天，结茧化蛹期 3 ～ 4 天，蛹期 10 ～ 24 天，成虫寿命 5 ～ 17 天。

◆ 危害

蔗扁蛾可阻碍植物的正常生长，严重时整株枯死。蔗扁蛾在不同地区为害的寄主及程度有所不同；此虫曾是非洲加那利群岛和美国夏威夷香蕉上的主要害虫之一，在南美洲的巴巴多斯为害甘蔗甚至比蔗螟还严重，而在中国为害巴西木、马拉巴栗（发财树）及棕榈科植物为主的观赏园林植物。蔗扁蛾在多雨的季节种群数量明显多于少雨的季节；在6～10月份高温多雨时为害严重；寄主植物包括龙舌兰科、木棉科、棕榈科、禾本科等90多种植物和农作物。

◆ 传播途径

蔗扁蛾成虫飞行能力有限，苗木带虫是此虫远距离传播的主要途径。

◆ 防治措施

蔗扁蛾防治上要加强检疫，熏蒸和高温处理杀灭，严防传入。利用糖水诱集监测，杀虫灯诱杀；及时药剂处理或焚毁。生物防治中，昆虫病原线虫小卷蛾斯氏线虫A24对蔗扁蛾幼虫有较理想的控制作用；捕食性天敌有毛蠼螋，对蔗扁蛾幼虫有较强的捕食作用。化学防治推荐药剂为阿维菌素、吡虫啉、溴氰菊酯、敌敌畏等，幼虫越冬入土期是防治此虫的最佳时机。

第4章

农林害虫

光盾绿天牛

光盾绿天牛是鞘翅目天牛科绿天牛属的一种。柑橘害虫。又称光绿橘天牛、柑橘枝天牛、吹箫虫。

◆ **地理分布**

光盾绿天牛在中国主要分布在各柑橘产区，陕西、江苏、安徽、江西、浙江、福建、四川、云南、广西、广东、海南等地均有分布。也见于印度及东南亚多国。

◆ **形态特征**

光盾绿天牛成虫体长 24 ～ 27 毫米，宽 6 ～ 8 毫米，体墨绿色，具金属光泽。头部、鞘翅、触角的柄节和足的腿节上均布满细密刻点。雄虫触角略长于体长，雌虫触角与体长相当。前胸长和宽约相等，具显著侧刺突，胸面具刻点和皱纹，两侧皱纹较少而刻点细密。雄虫后足腿节略超过鞘翅末端，雌虫后足腿节稍短。雄虫腹部腹面可见 6 节，第六节后缘凹陷；雌虫腹部腹面只见 5 节，第五节后缘拱凸为圆形。

光盾绿天牛老熟幼虫圆柱形，橘黄色，体长 46 ～ 51 毫米，体表分布褐色毛。头部较小。3 对胸足细小。前胸背板前缘横列 4 个褐色斑纹，后缘有一长形、乳白色的皮质硬块。自中胸至腹部第七节背腹两面各具 1 对移动器。蛹为裸蛹，长 19 ～ 25 毫米，宽约 6 毫米，头部长形，弯向腹面，翅芽伸达腹面第 3 节，背面被褐色刺毛。

光盾绿天牛卵黄绿色，长扁圆形，长约 4.7 毫米，宽约 3.5 毫米。

◆ **生物学习性**

光盾绿天牛的寄主植物主要是柑橘类植物，此外偶有九里香、核桃、构树等。光盾绿天牛以幼虫为害枝条为主。最初幼虫蛀入枝条，先向梢上部蛀食，被害梢随即枯死；然后循枝梢向下蛀食，使小枝枯死；再由小枝蛀入大枝，每隔 5 ～ 20 厘米向外钻蛀一圆形排泄物通气孔，状如箫孔，故名"吹箫虫"。枝条受害后千疮百孔，易枯死或折断。

光盾绿天牛取食野牡丹或马缨丹的花蜜补充营养，因此在果园附近 100 ～ 300 米内应注意清除这些植物，或注意捕杀。

◆ **生活史特征**

光盾绿天牛每年发生 1 代，跨年完成，以幼虫在寄主蛀道中越冬。成虫从 4 月中旬至 5 月初开始出现，5 月下旬至 6 月中旬盛发，甚活跃，飞翔力强。成虫羽化出洞后，取食寄主嫩叶补充营养，交尾后当日或次日产卵，多选择在寄主嫩绿细枝的分杈口或叶柄与嫩枝的分杈口上，每处产卵 1 粒。产卵以晴天中午为多，每头雌虫日产卵 3 ～ 8 粒。成虫寿命半个月至 1 个月。卵期 18 ～ 19 天，5 月中下旬开始孵化，6 月中旬至 7 月上旬盛孵。

光盾绿天牛孵化时，幼虫咬破卵壳底面直接钻入小枝，先螺旋状蛀食小枝一圈，即沿小枝向上蛀食，当被害枝梢枯死再掉头向下循小枝到大枝蛀食，对幼树还能由大枝到主干。幼虫每隔一定距离向外蛀一孔洞，最下端孔洞的稍下方即为幼虫潜居场所。洞孔的大小与数目则随幼虫的成长而渐增。幼虫期290～310天，12月至翌年1月，幼虫进入越冬休眠期，越冬幼虫于4月在蛀道内化蛹。

◆ **防治措施**

可利用光盾绿天牛成虫在晴天交尾产卵的习性，进行人工捕捉。6～7月幼虫盛发期，检查天牛喜产卵的部位和幼虫为害状（被害处有流胶），用刀刮除虫卵和初孵幼虫，或剪除被害枝梢加以烧毁；树枝表面有新鲜虫粪，虫蛀入较深，可用钢丝钩杀；或用棉花蘸敌敌畏、乐果等农药塞入虫孔，再用湿泥封堵虫孔毒杀。

恶性叶甲

恶性叶甲是鞘翅目叶甲科橘啮跳甲属的一种。成虫俗称包蜩、黑蚤虫，幼虫俗称黄癞虫、黄滑牛。又称恶性叶虫、恶性橘啮跳甲、黑叶跳虫。为柑橘害虫之一。

◆ **地理分布**

恶性叶甲分布面广，历史上曾造成严重危害，现在仅限于少数柑橘园有发生。恶性叶甲在中国主要分布在江苏、浙江、江西、福建、湖南、广西、广东、陕西、四川、重庆、云南。

◆ **形态特征**

恶性叶甲成虫体长2.8～3.8毫米，长椭圆形，蓝黑色有金属光泽。

头小。触角丝状，11 节，1～5 节为黄褐色，其余 6 节略带黑色。触角基部至复眼后缘具一倒"八"字形沟纹。前胸背板密布小刻点，小盾片三角形。每鞘翅上具纵向刻点 10 行。胸部腹面黑色，足黄褐色，后足腿节发达，中部之前最宽，超过中足腿节宽的 2 倍。幼虫共 3 龄，体长约 6 毫米，草黄色，半透明，头部黑色。前胸背板具深色骨化区，半月形，中央具一纵线，中、后胸背板两侧各生 1 个黑色突起，胸足黑色。体背分泌黏液粪便黏附背上，灰绿色。蛹长约 2.7 毫米，椭圆形，初黄白色后橙黄色，腹末具 1 对叉状突起。卵长椭圆形，长约 0.6 毫米，初为乳白色至黄白色，后变为褐色。外有一层黄褐色网状黏膜。

◆ **生物学习性**

恶性叶甲寄主仅为害柑橘类。以成虫和幼虫取食嫩叶、嫩芽，将叶片吃成缺刻和孔洞，或将叶背表皮和叶肉吃掉，仅留表面蜡质层。幼虫喜数十头群集于嫩梢上取食嫩叶，并分泌黏液和排泄虫粪于背上，污染嫩叶，使叶片焦枯、变黑萎缩脱落。成虫还将幼果咬成孔洞状变黑而脱落。以春梢受害最重。

◆ **生活史特征**

恶性叶甲在各地发生代数不一。浙江、重庆、四川、湖南和贵州每年发生 3～4 代，广东每年发生 6～7 代。均以成虫在树皮裂缝、地衣、苔藓下及杂草、卷叶和松土中越冬。一般以第一代幼虫发生多、为害最重，以后各代虫口数量减少，为害较轻。次年 3～4 月春梢抽发期，越冬成虫开始活动，3 月中下旬至 4 月上旬产卵。成虫能飞善跳，有假死性。雌虫一生交配数次，交尾当天或隔天产卵，卵多产在嫩叶尖端和叶背叶缘上，产卵前先咬破表皮成一凹陷小穴，绝大多数产 2 粒卵并列排于穴中，分泌胶质涂布卵面。产卵处叶片组织微黑。每雌产卵百余粒，多者数百粒。幼虫喜群集取食，初孵幼虫先在叶背取食嫩叶叶肉，只留下表皮，随着幼虫长大将叶片吃成孔洞或缺刻。卵期，第一代 8～14 天，第二、第三代 4～6 天；幼虫期，第一代 20 余天，第二、第三代均只 13 天；蛹期 4～7 天；成虫寿命约 2 个月，越冬代约 4 个月。幼虫历期一般 10 天左右，老熟后爬到树皮裂缝中、地衣苔藓下及土中化蛹。成虫喜食叶肉及幼果。

◆ 防治措施

由于恶性叶甲成虫具有假死性，可采用震落法收集捕杀成虫。由于幼虫有爬到主干及附近土中化蛹的习性，可在主干上捆扎带有大量泥土的稻草，诱集幼虫化蛹，在成虫羽化前集中烧毁，以杀灭幼虫和蛹。同时，结合修剪，清除越冬和化蛹场所，彻底清除树周的苔藓、地衣，堵树洞，消灭苔藓和地衣可用松脂合剂。还可在第一代幼虫孵化率达 40% 时，进行喷药，药剂可选用晶体敌百虫、敌敌畏、甲氰菊酯等，为害严重的果园 7 天后再喷 1 次。

红颈天牛

红颈天牛是鞘翅目天牛科瘤颈天牛属的一种。又称桃红颈天牛。

◆ 地理分布

红颈天牛在中国南北桃产区均有分布。

◆ **形态特征**

红颈天牛成虫体长 26 ～ 37 毫米，除前胸为深红色外，其余均为漆黑色，有光泽。卵长椭圆形，长约 1.5 毫米，乳白色。幼虫初孵化时为乳白色，老熟幼虫淡黄白色，体长 40 ～ 50 毫米，头黑色。蛹为裸蛹，长 32 ～ 45 毫米。

◆ **生物学习性**

红颈天牛主要为害桃、李、杏、樱桃、核桃等果树及杨、柳、栎等林木。以幼虫蛀食皮层和木质部相接的部分皮层和木质部。虫道弯弯曲曲塞满虫粪，而后从排粪孔排出大量虫粪，虫量大时树干基部有大量的虫粪。受其为害后严重影响树势，甚至引起整株死亡。红颈天牛喜欢为害老树，当树势衰弱时，为害加重，一般很少为害幼树。

◆ **生活史特征**

红颈天牛 2 ～ 3 年发生 1 代，以幼虫在枝干皮层下或木质部蛀道内越冬。来年成虫于 6 ～ 7 月份出现，成虫羽化后先取食烂果补充营养，中午前后多在枝干上停息，4 ～ 5 天后开始交尾产卵，6 月中下旬在主枝基部或主干皮缝处产卵，多喜欢在距地面 30 ～ 40 厘米高度枝干处产卵。卵期 8 ～ 9 天，幼虫孵化后先在皮层下蛀食，一般于第二年长大后才蛀入木质部为害。蛀道不规则，除活动场所外，多积满虫粪。幼虫老熟后，在虫道顶端做长 4 ～ 5 厘米蛹室，用分泌物黏结木屑堵塞蛹室口，然后化蛹。

◆ **防治措施**

6 月份成虫发生多时，于中午前后在树干、主枝附近捕杀成虫。6

月份以前，用生石灰、硫黄粉、水、食盐制成涂白剂刷树干、大枝，防止成虫产卵。幼虫孵化期，注意检查枝干，发现蛀入小幼虫，用铁丝钩杀。熏杀大幼虫，清理排粪孔处粪便，塞入 0.1 克磷化铝片，用泥堵孔。树干上蛀孔多时，塞药后可用塑料膜包扎树干，产生的磷化氢气体可熏杀树干内深处大幼虫，塑料膜包扎 3 天后要及时去除，避免伤害树体，磷化铝剧毒，处理时注意安全，并避免接触水。

脊胸天牛

脊胸天牛是鞘翅目天牛科脊胸天牛属的一种。果树害虫。又称波氏脊胸天牛。

◆ 地理分布

脊胸天牛在中国的广东、广西、海南、福建、四川、云南等地，以及一些东南亚国家的杧果种植园均有分布。

◆ 形态特征

脊胸天牛成虫体长 25 ～ 35 毫米，宽 5 ～ 8 毫米，褐色至棕褐色，两侧平行。头、胸及体腹色泽较暗，额部具 2 个对称的半月形斑。复眼周围及头顶密生金黄色绒毛。触角 11 节，雄虫触角略长于雌虫，约为体长的 3/4。前胸前端狭于后端。前胸背板两端具横脊，中间具 19 条隆起的纵脊，脊沟丛生淡黄色的绒毛。鞘翅基部宽，端部较窄，翅面粗糙，并有灰白色的短毛和金黄绒毛组成的长条斑纹，排成断续的 5 纵行。体腹面及足密被灰色或灰褐色绒毛。卵长圆筒形，长约 1 毫米，初产时乳白色，后逐渐变为青灰色或黄褐色，表面粗糙，无光泽。幼虫成熟幼虫体长 46 ～ 63 毫米，圆筒形，乳白色，被稀疏的褐色绒毛。上颚齿形，黑色。前胸背板前缘两侧具褐色绒毛，胸部气门位于中胸中部，椭圆形。各胸节及 1 ～ 7 腹节附交错排列隆起的长方形泡状突起，具 2 横沟，横沟前后侧各具乳头状突起 1 列，各列由 10 ～ 16 个突起组成。腹部 1 ～ 3 节具侧盘，第 7 ～ 9 腹节上侧片突起明显，肛门具 3 个裂片。蛹为离蛹，长椭圆形，长 32 ～ 38 毫米，宽 8 ～ 12 毫米。初黄白色，后变淡黄褐色，将羽化时复眼黑色。前胸背板具褐色小刺，腹板可见第九节，各节背面具褐色小刺。胫节端部、跗节和腹部腹面赭红色。

◆ **生物学习性**

脊胸天牛的寄主主要有杧果、腰果、人面子等。幼虫钻蛀杧果枝条和树干，造成枝干枯死或折断。受害植株的树冠长势衰弱，重者仅剩几条主干枝，后期整个果园被毁。种植时间长的区域，由于虫源不断积累，发生普遍较重。同一果园，树龄越长，受害越重。管理水平低、树势衰弱、阴枝弱枝多的果园发生较重。

◆ **生活史特征**

脊胸天牛在中国华南地区每年发生 1 代，跨年完成，部分地区 2 年 1 代。主要以幼虫在为害的杧果树枝干蛀道内越冬。成虫发生时间因地区略有差异。在海南成虫出现于 3 ～ 7 月，4 ～ 6 月是其羽化高峰期；在云南 6 ～ 8 月为成虫羽化盛期。成虫主要在枝条、叶面及枝条断裂处或树缝隙中产卵。卵一般散产，大多一处一粒，有时产 6 ～ 8 粒聚成块状，卵期约 10 天。幼虫孵化后大多从枝条木梢的端部侵入，然后向下往主干方向蛀食，蛀至分叉处，往往向上蛀食叉枝的一小段后再反向往主干方向蛀食，从小枝至干枝乃至主干。隧道为简单的圆筒形，内壁黑色，幼虫可在其上下活动。被害枝条上有明显的排粪孔，大小和间距随幼虫龄期的增加而加大。小枝条上的孔洞排出粒状虫粪及木屑，疏松呈黄白色；大枝干上虫粪混着黑色黏稠液体由排粪孔排出，掉落至下方的叶片上或地上，凝结成块，是此虫存在的重要标志。幼虫期 260 ～ 310 天。老熟幼虫在隧道内筑一段长 7 ～ 10 厘米略宽于一般隧道的蛹室化蛹，蛹室两端常用含碳酸钙的白色分泌物隔开。蛹期 30 ～ 50 天。成虫羽化后在蛹室中滞留一段时间（10 ～ 30 天），而后拓宽排粪孔爬出。通常在夜间活动，有趋光性。白天藏匿于稠密的枝叶丛中。交尾一般发生在 21:00 ～ 22:00，经交尾的雌虫在雄虫离去数分钟即开始产卵。每雌虫一生产卵 6 ～ 25 粒，成虫寿命 13 ～ 36 天。

◆ **防治措施**

清除虫害枝，每年 7 月收完杧果后逐株检查杧果树，如发现虫枝即从最后一个排粪孔下方 15 厘米处剪除或锯掉虫害枝，检查切口断面，如发现有虫道则可用铁丝刺杀其中可能残留的幼虫。

对已蛀入大枝条或树干的幼虫，可用针筒注射 80% 敌敌畏乳油原液到最后一个排粪孔。对于受害严重的树，可在收果后进行重修剪，彻底锯除病虫老弱枝，并增施有机肥，促进新枝梢的形成。

生物防治：球孢白疆菌可感染寄生脊胸天牛幼虫、蛹及体壁尚软的成虫，黄京蚁对脊胸天牛具有一定的抑制作用。

蔗根土天牛

蔗根土天牛是鞘翅目天牛科土天牛属的一种。又称蔗根锯天牛、蔗根天牛。甘蔗害虫。

◆ 地理分布

蔗根土天牛分布于中国、越南、老挝、泰国、缅甸和印度，在中国分布于广西、广东、海南、云南、贵州、湖南、江西、福建、浙江和香港。

◆ 形态特征

蔗根土天牛成虫体长 15 ～ 63 毫米，棕红色。雌虫触角长达鞘翅中部，雄虫触角长达鞘翅末端。前胸背板两侧缘各有锐齿 3 个。鞘翅宽于前胸，两侧近平行，端部渐窄，外端角圆形，缝角垂直；每翅具 2 ～ 3 条纵隆线，靠中缝 2 条近端部连接。雄虫前足比中后足粗大，腿、胫节下侧有成列的齿刺；雌虫前足比中后足略小，无齿刺。卵长椭圆形，长 1 ～ 3 毫米，初产乳白色，孵化前灰白色。老龄幼虫体长 57 ～ 110 毫米，乳黄色。头部红褐色，近似梯形，两侧有浅沟。腹背第一到第七节正中隆起，上有扁"田"字纹；腹面第一到第七节隆起成泡突。裸蛹，体长 33 ～ 70 毫米，黄褐色，复眼紫红色。

◆ 生物学习性

蔗根土天牛的寄主植物除甘蔗外，还有木薯、柑橘、龙眼、栗、桉树、松树、油棕、椰子、槟榔和橡胶树等。幼虫取食甘蔗根及基部茎内组织，对甘蔗的为害率一般为 5% ～ 10%，严重时高达 40% ～ 50%。

◆ 生活史特征

蔗根土天牛在广西蔗区 2 年发生 1 代。以幼虫在土中越冬。成虫有趋光性。卵产于土表面 1 ～ 3 厘米处。卵期大多 13 ～ 15 天，每年 5 月下旬至 6 月上中旬为卵孵化高峰期。幼虫孵化后先取食蔗根和种茎，后钻入蔗茎，蛀成隧道并沿蔗茎向上取食，形成空心蔗。空心蔗遇风易折倒，受害严重时整株枯死。幼虫孵化当年可发育至 10 龄左右，经第二年一整年取食发育，至第三年 3 月开始化蛹，整个幼虫期共 18 龄，历期约 660 天。每年 3 ～ 5 月，老熟幼虫转出蔗蔸，在附近土中作茧化蛹，蛹期 30 多天。5 ～ 6 月是成虫盛发期，成虫羽化多在雨后土壤潮湿、疏松时，尤其在大雨后的 1 ～ 2 天，是羽化高峰期。雌成虫寿命 5 ～ 9 天，平均 7.33 天；雄成虫寿命 5 ～ 11 天，平均 6.56 天。雌成虫平均产卵量 493 粒，最高达 800 多粒。

蔗根土天牛多发生在沙质壤土中，以丘陵沙质土蔗田发生严重。宿根蔗受害重于新植蔗，宿根年限越长受害越重。卵发育适宜温度为 25 ～ 28℃，当温度高于 34℃ 或低于 22℃ 时，卵不能正常发育。孵化率与土壤含水量有密切关系，适宜卵发育的土壤含水量为 6.67% ～ 20%，最适土壤含水量为 10% 左右。成虫种群数量动态变化与降水量密切相关。

◆ 防治措施

可用灯光诱杀蔗根土天牛成虫；也可用陷阱诱捕成虫，在蔗地挖长 30 厘米、宽 20 厘米、深 20 厘米的坑，每亩 20 个，晚上成虫爬行掉入坑里，第二天再捡杀。蔗田机耕犁耙可机械杀死部分土中幼虫和蛹，同时可捡杀被翻出土面的幼虫和蛹。在新植蔗下种后、宿根蔗破垄松蔸期及大培土期间，可施用生物农药绿僵菌或化学农药辛硫磷、毒死蜱等防治幼虫。

亚洲小车蝗

亚洲小车蝗是直翅目斑翅蝗科小车蝗属的一种。

◆ 地理分布

亚洲小车蝗在中国主要分布于内蒙古、宁夏、甘肃、青海、河北、陕西、黑龙江、吉林和辽宁等地，是中国北方草原和农牧交错带重要害虫。也见于俄罗斯、蒙古等国。

◆ 形态特征

亚洲小车蝗卵黄褐色，长6～8毫米，卵壳外有细小突起，其间隔有细线相连。蝗蝻有5个龄期，不同龄期翅芽发育有差异，其中1龄蝗蝻翅芽不明显，2龄蝗蝻肉眼可见，明显长于背板侧缘，翅脉可见，翅芽指向后下方，3龄蝗蝻翅芽翻转到背上，长达第一腹节，4龄蝗蝻翅芽长达第三腹节后缘，5龄蝗蝻翅芽长达第三腹节后缘或第四腹节中部，长度约占腹部的一半。雌虫体长约35毫米，前翅长约33毫米，雄虫较小，体长约25毫米，前翅长约18毫米。成虫褐色带绿色，有深褐色斑。头、胸及翅上的黑褐斑纹很鲜艳。最明显的特征是前胸背板中部明显缩狭，有明显的X形纹，图纹在沟前区与沟后区等宽。

◆ 生物学习性

亚洲小车蝗食性很杂，主要为害莜麦、小麦、玉米、豆类、蔬菜、人工播种的牧草等多种作物。严重为害时可导致受害作物减产50%以上，不仅造成牧草产量的损失，同时加重了对草原和农田生态系统的破坏。

亚洲小车蝗为地栖性蝗虫。适生于板结的沙质土，植被稀疏、地面裸露的向阳坡地和丘陵等地面温度较高的环境，有明显的向热性。每天中午为活动高峰，阴雨、大风天不活动。成虫有趋光性，且雌虫比雄虫强。在草场缺乏食料时，蝗蝻和成虫可集体向邻近的农田迁移为害。迁入农田为害时间的早晚与气象、牧草长势和虫口密度相关。高密度的蝗群常对农田造成毁灭性的为害。

◆ **生活史特征**

亚洲小车蝗每年发生 1 代，以卵在土壤中越冬。5 月中下旬越冬卵开始孵化，6 月中下旬为若虫 3 龄高峰期，第五次蜕皮后，7 月上中旬为成虫羽化盛期，7 月中下旬为成虫盛期，7 月下旬至 8 月上旬开始产卵。

◆ **发生与环境关系**

亚洲小车蝗的发生和为害常与以下因素有关：①温、湿度。一般上年冬雪大，当年早春降水多是蝗虫大发生的重要因素。因冬雪可在地面形成保温层，有利蝗卵越冬，提高冬后成活率。早春降水较多，利于蝗卵水分保持和胚胎的发育，尤其是 5 月上旬降水量多，对亚洲小车蝗发生有利，卵孵化期提早，孵化整齐，孵化率高，虫口密度大。②光周期对亚洲小车蝗的生殖和生长也具有一定影响。亚洲小车蝗高龄若虫到成虫的发育速度在中光照下最快，长光照更有利于亚洲小车蝗羽化。③草场退化。草场退化是草原直翅目昆虫大量发生的重要原因。亚洲小车蝗的分布与植物种类、草地盖度和生产力有关，在重度和过度放牧退化草原区域分布较多。退化草原（草场）植被稀疏，地表相对裸露，适宜亚洲小车蝗等多种地栖性蝗虫栖息生存，而蝗虫的猖獗为害又加重了草原的退化，由此形成恶性循环。④天敌。亚洲小车蝗有捕食性天敌虎甲、步甲、芫菁、蜘蛛等和寄生性天敌寄生蝇、寄生蜂等。捕食性天敌通过捕食虫蛹和成虫降低虫口数量，而寄生蜂和寄生蝇通过将卵产在寄主体内，消耗寄主能量从而杀灭成若虫来降低虫口数量。

◆ 防治措施

化学防治是防治亚洲小车蝗的重要措施，但在消灭蝗虫的同时，也杀死了大量天敌，削弱了天敌制约蝗虫的作用。天敌的减少也是 20 世纪 90 年代以来蝗虫频繁成灾的重要因素。因此，应注意保护利用天敌，绿僵菌真菌生物制剂、蝗虫微孢子虫均可用于亚洲小车蝗的防治，防治效果达 80% 以上。化学防治应抓住防治适期，在蝗蛹 3 龄期防治指标为 5～15 头/米^2。其中，荒漠型草原考虑其生态价值，可降低防治指标，例如低于 5 头/米^2 即可进行防治。可选用菊酯类农药进行应急防治。

西藏飞蝗

西藏飞蝗是直翅目斑翅蝗科飞蝗属的一种。

◆ 地理分布

西藏飞蝗已知仅分布于中国西藏雅鲁藏布江流域的日喀则拉孜、南木林、江孜、乃东、扎囊、桑日等地，阿里地区孔雀河、狮泉河、象泉河流域的噶尔、日土、札达、普兰等地；昌都横断山谷区域的卡若、江达、贡觉、左贡、芒康等地；在西藏林芝波密、察隅、工布江达，日喀则吉隆、聂拉木；四川甘孜和阿坝以及青海囊谦等地区也有少量分布。

◆ 形态特征

雌虫体形大而粗壮，颜面垂直。体长 38～52 毫米，前翅长

40～47毫米。产卵瓣粗短，顶端略呈钩状，边缘光滑无细齿。其余特征与雄虫相似。雌雄成虫体色为绿色或黄褐色。复眼后方有1条细的黄色纵纹。前胸背板中隆线两侧常有暗色纵条纹，侧片中部常具暗斑。前翅散布明显的暗色斑纹，后翅则无斑纹，本色透明，只翅基部略带浅黄色。后足股节内侧黑色，端部有一完整的淡色斑纹，近中部处在下隆线之上，具一淡色斑，底部侧缘为蓝色。后足胫节橘红色。

西藏飞蝗根据生活环境可分为群居型和散居型。群居型成虫体黑褐色、较固定。散居型成虫体色常为绿色或随环境变异。西藏飞蝗卵长椭圆形，中部略弯曲，长约5毫米，初产卵粒呈浅黄色，后逐渐变为红棕褐色，即将孵化时为褐色。西藏飞蝗蝗蝻有5个龄期，体长、翅芽、前胸背板后缘、触角等随着蝗蝻龄期的增加，亦表现出明显的形态差异。

◆ **生物学习性**

西藏飞蝗是植食性昆虫，属多食性，主要取食禾本科作物和杂草。西藏飞蝗在西藏常年发生6.67万公顷以上。麦类作物及牧草从苗期到收获期均受其害，一般年份粮草损失率在5%～28%。为害严重年份，平均虫口密度达400头/米^2，最高达1200头/米^2。

◆ **生活史特征**

西藏飞蝗每年发生1代，某些地区发生不完整2代。以卵在土壤中越冬。若虫一生要蜕皮4次。蝗蝻羽化7天后开始交配，交配的雌虫也营孤雌生殖。具有较强的跳跃和飞翔能力，在较大密度时，就会出现群体飞翔（即迁移或迁飞）现象。西藏大部分农业区和部分牧业区都适宜西藏飞蝗栖息、繁育，因此易造成为害。

温湿度主要影响西藏飞蝗的蜕皮、取食、发育和生殖活动（飞翔、交尾等）。在 18～30℃ 下，各虫态发育历期随温度升高而缩短。西藏飞蝗卵的孵化率一般为 72%～83%，成活率亦在 74% 以上，羽化的虫数约为跳蝻期的 70%。

西藏飞蝗的发生为害与寄主植物的季节性生长相适应。5～6月份，当青藏高原上植物进入生长盛期时，蝗蝻孵化后为害严重；8～9月份，当青藏高原上植物进入衰老期、枯黄期时，此时西藏飞蝗也进入生殖期；随后成虫死亡，卵越冬等来年气温回暖，于植被生长后孵化。

◆ **防治措施**

设立蝗情监测点，逐步探索西藏飞蝗发生为害与气候因子的关系，制定西藏飞蝗监测调查标准，做好出土孵化时期和数量、残蝗数量等调查，实行大田调查和人工饲养观察相结合，做到定点定时系统调查，做好查卵、残蝗及翌年查蝻工作，结合各项生态因素准确地进行综合分析。

改变西藏飞蝗蝗区植被，改造蝗区，兴修水利，排灌配套，改造低洼内涝地，综合改造荒地，农田精耕细作。保护和利用天敌，如饲喂鸡鸭啄食蝗蝻；利用生物农药（如杀蝗绿僵菌、微孢子虫、绿僵菌、苦皮藤素等）进行防治。化学防治可用高效氯氰菊酯等进行超低容量喷雾。

草原毛虫

草原毛虫是鳞翅目毒蛾科草原毛虫属的一种。

◆ **地理分布**

草原毛虫在中国分布于西藏、青海、甘肃、四川等地高寒牧区，主要在西藏的那曲地区中部海拔 4400 米以上区域（如聂荣县、色尼区、安多县、比如县）。

◆ **形态特征**

草原毛虫雄成虫体长 6.7 ～ 9.2 毫米，体黑色，背部有黄色短毛，翅两对，被黑褐色鳞片，圆形黑褐色复眼，羽毛状触角，有足 3 对，被黄褐色长毛，跗节 5 节，跗节端部黄色。雌成虫体长圆形，较扁，体长 8 ～ 14 毫米，宽 5 ～ 9 毫米，头部甚小，黑色。复眼、口器退化，触角短小，棍棒状。3 对足较短小，黑色，不能行走，仅能用身体蠕动。

草原毛虫卵散生，藏于雌虫茧内，呈扁球形，卵孔端稍平或微凹入。初产的卵乳白色，近孵化的卵颜色逐渐变暗。卵直径 1.12 ～ 1.47 毫米。

草原毛虫幼虫雄性 6 龄，雌性 7 龄。初龄幼虫体长 2.5 毫米左右，体乳黄色，12 小时后变成灰黑色，48 小时后为黑色，背中线两侧，明显可见毛瘤 8 排，毛瘤上丛生黄褐色长毛。老熟幼虫体长 22 毫米左右，体黑色，密生黑色长毛，头部红色，腹部第六、第七节的中背腺凸起，呈鲜黄色或火红色。

◆ **生物学习性**

草原毛虫为害以藏北蒿草为主的高寒草甸草地，造成牧草生长低矮，产草量降低。各个龄期的幼虫均有群聚现象，为害范围较集中，点片状发生。6 ～ 7 月为害最为严重。严重时虫灾发生面积达 16 万公顷以上，虫口密度约为 10 条 / 米^2。聂荣县常年发生的草原毛虫有逐步向邻近的那曲、比如、安多辐射性扩散的趋势。

◆ 生活史特征

青藏高原昼夜温差大，有效积温低，草原毛虫每年仅发生1代，而且1龄幼虫有滞育特性，必须经越冬阶段的冷冻刺激，到次年4～5月才开始生长发育。西藏草原毛虫生活在海拔4500米以上的亚高山草甸草地、垫状植被草地上。1龄幼虫出土时不取食，集中活动。到2龄期时牧草返青，草原毛虫开始取食，主要取食高山嵩草等嫩枝叶。幼虫是其生长发育的主要时期，也是为害草原牧草的重要阶段。幼虫有7个龄期，但雄虫提前1个龄期结束幼虫发育，随后结茧化蛹。

草原毛虫1龄幼虫在头年9～10月份孵化，1龄幼虫取食茧毛，并在虫茧或枯草中聚集越冬，越冬幼虫在次年4～5月牧草返青时随气温逐日上升开始活动，并少量取食返青嫩叶。各个龄期的幼虫均有群聚现象，为害范围较集中，点片状发生。6～7月为害最为严重。主要取食高原嵩草、西藏嵩草、小蒿草、矮蒿等高营养牧草。

高寒草甸和垫状植被草地特殊的生态环境最有利于草原毛虫栖息。草原毛虫的生长发育规律及新陈代谢与环境中的气象因子、土壤因子、生物因子等形成了长期的稳定性适应。草原毛虫的生长和繁殖易受到环境湿度的影响。一年中的年降水量、不同时期的降水量都会对草原毛虫的繁殖和活动产生影响。在草原毛虫开始取食活动的4～5月，如果降水量较多、气温较低，草原毛虫取食活动时间推迟。如果在8～9月遇连续阴雨天气，则会影响草原毛虫的正常交配和繁殖，致其不能完成交配。如果连续降雨天气降水量较大，造成草原被淹没超过36小时，草原毛虫则会因水淹和饥饿而大量死亡。

◆ 防治措施

草原毛虫的预防措施有：调查掌握各龄期及雌性发生数量、动态和牧草被害情况，结合气象预测数据，综合分析发生趋势，做出草原毛虫发生期、发生量预测。同时，做好越冬虫茧基数调查，幼虫越冬存活率和牧草返青期是预测发生危害的关键因素。

草原毛虫的防治措施有：①保护利用天敌。草原毛虫的天敌主要有鸟类、寄生蝇、寄生蜂等，对草原毛虫有一定的控制作用，还可使用草原毛虫核型多角体病毒和芽孢杆菌进行防治。②化学防治。以 3 龄幼虫发生盛期为适宜。因各地发生情况不同，一般在 5 月中旬、6 月至 7 月上旬进行。可选用敌百虫喷雾或喷粉防治。

亚洲飞蝗

亚洲飞蝗是直翅目斑翅蝗科飞蝗属的一种。

◆ 地理分布

亚洲飞蝗主要分布于亚洲和欧洲。在中国主要分布在新疆、内蒙古、青海、甘肃等地，其分布区海拔高度一般在 200 ～ 1000 米，最高达 2500 米，最低达 -154 米（新疆吐鲁番的艾丁湖湖畔）。

◆ 形态特征

亚洲飞蝗卵粒黄褐色，长 7 ～ 8 毫米，卵粒外壳有小突起，其间隔有细线相连。蝗蝻共 5 龄。1 龄蝗蝻体黑褐色，无光泽，头较大，前胸背板背面具黑色纵纹，背板镶有狭波状的黄色边缘，中胸及后胸背板微凸。2 龄体蝗蝻黑褐色，发现蝗蝻蜕皮，开始有光泽，前胸背板两条黑丝绒纹明显。前胸背板无黑绒纵纹，翅芽较明显，顶端指向下方。3龄蝗蝻体色同前，体长有1厘米。翅芽明显指向下方，淡褐色，头较大，呈金黄色，也有的呈黄绿色，体节明显。4龄蝗蝻前胸背板两条黑丝绒纹大而明显，体色呈灰褐色、灰绿色、土黄色。前翅芽狭短，后翅芽三角形，皆向上翻折，后翅芽在外，且盖住前翅芽，翅芽端部皆指向后方，其长度可达腹部第三节。5龄蝗蝻体金黄色、灰绿色、土黄色，翅芽较前胸背板长或等长，翅芽长度可到达腹部第四或第五节。

亚洲飞蝗成虫体形较大，雄成虫体长36.1～46.4毫米，雌成虫体长43.8～56.5毫米。颜面垂直，颜面隆起宽平，头顶宽短，与颜面形成圆形。头侧窝消失。触角丝状，细长。根据形态和习性，亚洲飞蝗主要分为散居型、群居型和中间型3种变型。散居型前胸背板后缘直角形或锐角形，中隆线由侧面看呈弧形隆起；体多绿色，后足胫节多红到淡红色。群居型前胸背板后缘钝角形，几圆，中隆线由侧面看平直或中部微凹；体多黑褐色，后足胫节淡黄或略带红色。中间型形态特征介于两者之间。

◆ 生物学习性

亚洲飞蝗主要以禾本科和莎草科的作物为食，喜食芦苇、稗、玉米、小麦等，多发生在生长芦苇的沼泽地带。亚洲飞蝗是重要农牧业害虫，也是历史性害虫，常聚集、迁飞为害。从20世纪末至21世纪初期，亚洲飞蝗为害呈现上升趋势。

◆ 生活史特征

亚洲飞蝗在新疆博斯腾湖蝗区和北疆准噶尔盆地边缘蝗区每年发生

1 代，在哈密、吐鲁番盆地每年发生 2 代。亚洲飞蝗蝗卵孵化期，随年份和地点等环境条件的变化而有较大差异。亚洲飞蝗的适生环境为土壤含盐量低，pH 为 7.5 ～ 8.0 的湖滨滩地。在适宜飞蝗发生的气候、水文、土质、地形、植被等因子综合作用下，形成了各种蝗区。

亚洲飞蝗繁殖力强，1 头雌虫一生可产卵 300 ～ 400 粒。种群数量增长很快，因此易暴发成灾。亚洲飞蝗成虫具有远距离迁飞的习性，能跨地区乃至跨国迁飞扩散，导致其扩散区当年或次年飞蝗灾害的暴发。

亚洲飞蝗的发生和为害常与以下因素有关：①温湿度。亚洲飞蝗越冬卵发育起点温度为 14.7℃，蝗蝻发育起点温度为 17.7℃，在 24 ～ 36℃ 的恒温条件下，蝗卵孵化需要 8.4 ～ 18.5 天；在 24 ～ 34.5℃ 恒温条件下，蝗蝻羽化为成虫需要 22.85 ～ 59.79 天，且均随温度升高，有发育历期缩短的趋势。②天敌。蜥蜴、芫菁、蜘蛛、鸟类等捕食性天敌通过捕食虫蝻和成虫降低虫口数量，寄生蜂和寄生蝇通过将卵产在寄主体内，消耗寄主能量从而杀灭东亚飞蝗来降低虫口数量。

◆ **防治措施**

防治亚洲飞蝗，必须依据种群密度、发生环境的特点，因地、因时制宜地确定防治时期、防治方法。

化学防治

应用化学药剂防治亚洲飞蝗暴发是有效的方法。由于亚洲飞蝗具有远距离迁飞特性，在草原地区防治主要采用化学防治方法，其优点是操作方法简便、防治成本低、防治效率高等。喷药方法包括背负式喷雾器喷药法、大型机械喷药法和飞机喷药法，应当根据当地实际情况选择合适的施药方法。一般情况下，在防治人员多、劳动力成本低、虫害面积小、地形复杂、难以实施大型机械喷药和飞机喷药时，应选择背负式喷雾器喷药法；在灌丛草原地带，以及虫害发生面积较大，植被低矮、地势平坦的草原地带，应当选择大型机械喷药法；在虫害发生面积很大、灾情较重、地势相对平坦、植被较高、围栏较密的地区，应当选择飞机喷药法。常用药剂有高效氯氰菊酯、高效溴氰菊酯等。

生物防治

绿僵菌真菌生物制剂、蝗虫专性寄生原生动物微孢子虫均可用于亚洲飞蝗的防治。在新疆蝗区使用绿僵菌防治飞蝗，7 天以后，死亡数逐渐上升，到 15 天后防效率达 83% 以上。

生态治理

牧鸡牧鸭灭蝗是指人工培育鸡、鸭，通过科学调训将其用于蝗虫防治的方法。草原牧鸡牧鸭灭蝗不仅能增加农牧民收入，同时保护了草原，具有长期生态效益。另外，在蝗区人工修筑鸟巢和乱石堆，创造粉红椋鸟栖息产卵的场所，招引粉红椋鸟育雏，捕食蝗虫，控制蝗害效果明显。

意大利蝗

意大利蝗是直翅目斑腿蝗科星翅蝗属的一种。

◆ 地理分布

意大利蝗广泛分布于欧洲大陆及中亚、东亚地区。在中国主要分布在新疆、甘肃等地，青海和陕西的部分地区也有分布。

◆ **形态特征**

意大利蝗卵黄褐色或土红色，长 5 ～ 6 毫米，直径约 1.2 毫米。卵粒表面具 5 ～ 6 边形的网状花纹，花纹隆起在彼此交接处具圆形瘤状小突起。

意大利蝗蝗蝻雄性 5 龄，雌性 6 龄。蝗蝻不同龄期可根据翅芽长短进行区分，其中 1 龄蝗蝻无翅芽；2 龄蝗蝻前、后翅芽可见，未到达腹部第一节；3 龄蝗蝻到达腹部第一节前翅芽较小，后翅芽较大，半圆形，翅尖指向后下方；4 龄蝗蝻前翅芽基部被前胸背板后缘掩盖着，后翅芽增大，前、后翅芽均向上翻，后翅芽将前翅芽掩盖；5 龄蝗蝻翅芽长，到达或超过腹部第三或第四节。前胸腹板突与外生殖器近似成虫。仅雌性具 6 龄，其体长比 5 龄长。

意大利蝗成虫体形粗短。前胸背板中隆线较低，侧隆线明显，几乎平行，3 条横沟均明显。前胸腹板在两前足基部之间具有近乎圆柱状的前胸腹板突。后足股节粗短，上隆线具有细齿，后足股节内侧玫瑰色或红色，常有 2 条不完全的黑色横纹，此横纹不到达后足股节内侧的底缘，后足胫节上侧和内侧红色。前、后翅均发达，前翅明显超过后足股节的顶端，后翅基部玫瑰色。

◆ **生物学习性**

意大利蝗是荒漠、半荒漠草原的重要害虫，具有很强的适应能力。意大利蝗为害的植物种类有 30 余种，喜食菊科的多种蒿类、藜科和禾本科植物，冷蒿、针叶薹草、羊茅等为少食，冰草和芨芨草为偶食。

由于意大利蝗分布广、数量大，因此严重影响农牧业生产的稳定发展。意大利蝗除取食与掉落毁损量造成牧草减产等短期作用外，在严重为害时可使牧草不能进入开花结种阶段，抑制草地更新复壮，使草地长期难以恢复，在荒漠、半荒漠草原尤为明显。

◆ 生活史特征

意大利蝗每年发生 1 代，以卵在土中越冬。一般年份，卵孵化最早出现在 5 月上旬，5 月中下旬为孵化盛期，个别年份孵化末期可延迟至 6 月上、中旬。最早羽化期约在 6 月上旬，羽化盛期通常在 6 月中旬。产卵初期在 6 月下旬，盛期在 7 月上中旬，产卵末期可延迟到 8 月。蝗蝻 1 龄期为 8 ～ 12 天，2 龄期为 6 ～ 15 天，3 龄期为 5 ～ 16 天，4 龄期 5 ～ 19 天，5 龄期为 15.47 天，6 龄期为 6.57 天。成虫寿命雌性 20 ～ 51 天，平均 35.5 天；雄性 33 ～ 54 天，平均 43.5 天。每年 5 月初，孵化出土的蝗蝻群聚在一起，形成一个数千米长、200 ～ 300 米宽的黑色条带，并有规律地朝着生长茂盛的农田或打草场推土式啃食、迁移。

意大利蝗产卵多在 10:00 ～ 16:00，多选择在不太坚硬、碎石较多的裸露地段。蝗蝻有聚集、趋光、晒体的习性，常随太阳光线照射的角度不同而改变其聚集的位置。意大利蝗体形较大、食量大、繁殖力强，在海拔 500 ～ 2000 米的各类草原都有发生。意大利蝗在高密度时具有明显的群居性和迁飞性，成虫的迁飞距离可达 200 ～ 300 千米。

意大利蝗发育的起点温度是 15.52℃。产卵受地温影响，多集中在地温 25 ～ 30℃ 产卵，高峰期也多在 27℃。成虫在地面温度 20 ～ 30℃ 时活动最为活跃，40℃ 以上及阴雨条件下则栖息于草丛根部静止不动。

◆ **防治措施**

生物防治

珍珠鸡灭蝗效果显著，是生物治蝗的有效途径。珍珠鸡在蝗虫密度为 20.8 头 / 米^2 的草场上放牧 60 天，周围 200 公顷的草场蝗虫密度能降至 0.84 头 / 米^2，防治效果达 96.0%。

化学防治

化学药剂毒杀力强，见效快，能在短期内将意大利蝗数量迅速压下去，制止大发生，而且使用起来比较方便，可以机械作业，是防治意大利蝗的重要手段和应急措施，适应用于暴发性、大面积发生年份，能及时有效地控制蝗害。常采用甲维盐、菊酯类农药以大型机械喷药和飞机喷药防治。

黄胫小车蝗

黄胫小车蝗是直翅目斑翅蝗科小车蝗属的一种。

◆ **地理分布**

黄胫小车蝗在中国均有分布，主要在北方草原和农牧交错地带发生为害。韩国、蒙古、日本、俄罗斯等国亦有分布。

◆ **形态特征**

黄胫小车蝗雌成虫体长 29～39 毫米，前翅长 26.5～34 毫米；雄成虫体长 23～27.5 毫米，前翅长 22～26 毫米。头顶略圆，与前胸背板平行。触角丝状，到达或超过前胸背板的后缘。前胸背板 X 形淡色纹在沟后区比沟前区宽。后翅黑褐色带纹较狭，常伸达到翅后缘。后足胫节红色。卵肉黄色，长 4.6～6.0 毫米，宽 1.3～1.7 毫米，卵粒较直或略弯曲。

蝗蝻雄虫 5 个龄期，雌虫 6 个龄期，各龄期的前胸背板后缘形状较为稳定，可作为鉴别若虫的主要依据。1 龄前胸背板后缘形状为弧形中央凹陷；2 龄为弧形；3 龄雌虫为弧形，雄虫为钝角；4 龄为钝角形，雌虫较短，雄虫较长；5 龄雌虫为钝角形，雄虫为近直角形；6 龄雌虫为直角形。

◆ 生物学习性

黄胫小车蝗食性杂，在中国已记载的主要寄主包括羊草、针茅、隐子草、针茅和冰草等禾本科牧草，以及玉米、麦类和谷子等农作物。黄胫小车蝗以成虫和若虫的咀嚼式口器为害寄主植物，常形成缺刻和孔洞等症状。严重发生时，将大面积植物的叶片吃光，是牧草及作物害虫。

◆ 生活史特征

黄胫小车蝗在中国华北地区北部及东北地区每年发生 1 代，在华北地区南部发生 2 代，以滞育卵越冬。在不同寄主植物中，黄胫小车蝗偏好羊草、针茅、玉米等禾本科植物，且在第四龄蝗蝻及成虫期取食量显著增加。第一代成虫自 6～16 日龄开始达性成熟，第二代成虫自 7～11 日龄开始达性成熟。成虫有多次交配产卵的习性，多在 8:00～10:00 和 14:00～16:00 交配。成虫对产卵场所的植被、土壤理化性质、地形选择性强，多产于土质较坚实、微碱性、向阳、植被稀疏的土中。黄胫小车蝗产卵数量常因季节、食料而异，第一代单雌产卵 100 ～ 355 粒，第二代单雌产卵 57 ～ 172 粒，卵经副腺液将卵粒粘连形成卵块。黄胫小车蝗孵化后就地取食牧草和早春作物，在农牧交错地带，后期迁移至玉米、谷子等农作物上为害。

越冬蝗卵的发育时期与纬度和海拔有关，南部早于北部，平原早于山区。早春气低温直接影响黄胫小车蝗出土。15℃ 以上黄胫小车蝗的卵和蝗蝻开始发育，发育温度范围为 22 ～ 42℃，其中 25 ～ 34℃ 最有利于生长发育，而 42℃ 以上的高温对黄胫小车蝗生长发育不利。在蝗卵孵化盛期和羽化盛期，低温、多雨常导致黄胫小车蝗发育迟缓，死亡率增高，发生减轻。土壤湿度低于 10% 显著降低蝗虫孵化率。

黄胫小车蝗发生量与植被盖度关系密切。在农牧交错带，草场退化严重、黏质土壤发生量多于沙质土壤；沟渠路边、荒沟坡杂草丛生处发生量多于农田。

◆ 防治措施

黄胫小车蝗防治措施有：①基于种群系统普查与区域普查的监测数据与气象信息，结合参考历史发生资料综合分析，做出黄胫小车蝗发生期、发生面积与发生量预测。②采用封育草场和草场改良的方法进行生态治理。③利用绿僵菌、植物源农药和牧鸡进行生物防治，或利用天地生物防治。黄胫小车蝗卵期的天敌有芫菁、蜂虻等，若虫期和成虫期的天敌有食虫虻、寄生蝇、泥蜂、蜥蜴等。纹析麻蝇对后期的黄胫小车蝗寄生率较高。④化学防治。适期为 3 ～ 4 龄的蝗蝻盛期，常用药剂有啶虫脒、丁虫腈、毒死蜱、高效氯氰菊酯等。

宽翅曲背蝗

宽翅曲背蝗是直翅目网翅蝗科曲背蝗属的一种。

◆ 地理分布

宽翅曲背蝗主要分布于中国的黑龙江、吉林、辽宁、内蒙古、甘肃、青海、河北、山西、陕西、山东等地，在蒙古和俄罗斯也有分布。

◆ 形态特征

宽翅曲背蝗卵块为长茄形，长约 2 厘米，外径 0.88～1 厘米，卵块内卵粒数 11～20 粒，排列呈 4～5 行，横列 3～4 排。卵粒长 7 毫米，横径 1.8 毫米。

宽翅曲背蝗蝗蝻共 5 龄。1 龄蝗蝻端部灰黑色，头部、体躯呈黑褐色或黑色，无翅芽。2 龄蝗蝻体长 5.5～6.5 毫米，体黑褐色、黑色或灰褐色，前、后翅芽可见。3 龄蝗蝻体长 11～16 毫米，体灰褐色或黄褐色，前翅芽较小，翅尖指向后下方。4 龄蝗蝻体长 10～22 毫米，后翅芽增大，前、后翅芽均向上翻，后翅芽将前翅芽掩盖。5 龄蝗蝻体长 12～27 毫米，翅芽长，到达或超过腹部第三或第四节。

宽翅曲背蝗雄虫体长 23～28 毫米，前翅 16～21 毫米；雌虫体长 35～39 毫米，前翅 17～22 毫米。宽翅曲背蝗体常褐色或黄褐色。头部背面有黑色 U 形纹。雄性体长 23～28 毫米，前翅长 16～20 毫米；头部较大，头顶宽短，三角形，中央略凹，侧缘和前线的隆线明显。头侧窝长方形，较凹，在顶端相隔较近。雌性比雄性大，且粗壮。触角较短，刚到达前胸背板后缘。中胸腹板侧叶间中隔最狭处较宽于其长度。

前翅较短通常超过后足股节的中部。前翅肘脉域较狭,肘脉域的最宽处几乎相等于中脉域的最宽处。产卵瓣粗短。上产卵瓣的外缘无细齿。

◆ **生物学习性**

宽翅曲背蝗以为害禾本科牧草为主,同时也为害莎草科、豆科、十字花科等牧草,有时也入侵农田,喜食小麦、荞麦、莜麦等粮食作物。宽翅曲背蝗取食为害造成植物断茎、秃尖、落叶、穿孔、缺刻等现象,严重影响牧草及粮食作物的生长及产量。

◆ **生活史特征**

宽翅曲背蝗一般每年发生1代,以卵在土壤中越冬。在黑龙江,越冬卵于翌年5月中旬开始孵化,5月下旬为孵化盛期,6月下旬至7月上旬羽化为成虫,并开始交配产卵。在内蒙古自治区西部,5月上旬开始孵化出土,中、下旬为盛期;6月中旬始见成虫,羽化盛期在6月下旬至7月上旬。6月下旬开始产卵,7月上、中旬为盛期。成虫活动可到八九月份。

4月下旬至5月上旬降水量与蝗虫发生密切关系,该时期降水充足且集中,气温上升到10℃以上时利于蝗卵孵化;蝗蝻及成虫均喜温、喜光、喜干燥的环境条件,并常随阳光照射部位的转移而改变栖息场所。宽翅曲背蝗以荒田、草地为经常的栖息场所,喜欢选择植物的中下部分,在草丛间爬行、跳跃、飞翔。早晚温度较低或有露水时,停止取食,静止时抱握在植株上,或集中潜伏在背风的干燥土坡、土缝里,日出时则聚集于向阳坡面,气温升高,便四散活动,聚集在稀疏植被的草滩上。成虫于中午时常做短距离飞翔,蝗蝻能短距离跳跃,每次能跳高40厘米,距离 0.5 ～ 1 米，最远 3 米。最高可连续跳跃 15 次，3 龄以后跳跃能力增强。

◆ 防治措施

生物防治

在空气相对湿度大的地区可采用绿僵菌防治，利于孢子的生长及田间流行传播，作用期长，持续防控效果明显。在有牧鸡牧鸭饲养基础、密度适于草原牧鸡牧鸭治蝗的地区采用牧鸡牧鸭防治；结合保护利用自然天敌，如百灵鸟、通缘步甲、蜥蜴、芫菁等，防治效果显著。

化学防治

在宽翅曲背蝗大面积、高密度发生，且植被盖度低时，可采用化学防治压低草原蝗虫密度，减少灾害损失；在较大面积及高、中密度发生，且植被盖度较高时，以化学防治为主，部分采用生物防治。常用药剂有高效氯氰菊酯、高效溴氰菊酯等。

毛足棒角蝗

毛足棒角蝗是直翅目槌角蝗科棒角蝗属的一种。

◆ 地理分布

毛足棒角蝗分布于中国黑龙江、吉林、内蒙古、宁夏、青海、甘肃的张掖（民乐、山丹）、陕西、新疆，也见于蒙古、俄罗斯、朝鲜等国。

◆ 形态特征

毛足棒角蝗成虫通常黄褐色，偶见黄绿色。体长 13 ～ 21 毫米。头大而短，颜面倾斜，隆起的上端较窄，下端较宽，纵沟较低凹。雄虫触角顶端明显膨大呈锤形，雌性触角端部膨大较小。复眼卵形，中隆线和侧隆线明显，侧隆线在沟前区明显弯曲，前胸背板前缘平直，后缘弧形，后横沟在背板中后部穿过。前胸腹板前缘略隆起。前翅发达，顶端到达后足股节的顶端，缘前脉域不达翅中部，前缘脉域较宽，约为亚前缘脉域的 3 倍。中脉域最宽处几乎等于肘脉域的最宽处。后翅略短于前翅。雄性前足胫节稍膨大，底侧具有细长绒毛，后足股节外侧上膝片顶端圆形，胫节顶端无外端刺。卵粒直或略弯曲，两端部钝圆形，黄褐色，紧密排列在卵囊内。卵块一般分布在土壤的表层下 1.5 厘米左右，且具柔韧、革质的卵囊外壳。蝗蝻共 4 龄，体色黄褐色。1 ～ 4 龄蝗蝻体长分别约为 6 毫米、7 毫米、10 毫米、13 毫米。

◆ **生物学习性**

毛足棒角蝗在中国为草原重要的优势蝗虫。在轻度退化的草原数量较大，发生期较早，可为害禾本科、藜科等植物。取食以禾本科植物为主，主要取食羊草，对冰草、冷蒿、早熟禾、薹草、星毛委陵菜、乳白花黄芪等也比较喜食。取食多种植物及牧草，以成虫和若虫咬食植物的叶片和茎，大发生时成群迁飞，可将成片的农作物及牧草吃成光秆；不停地啃食本已稀少的草原植被，甚至啃食近地表层的草根部，使植物失去来年再生的能力。

◆ **生活史特征**

毛足棒角蝗每年发生 1 代，以卵在土壤中越冬，越冬卵 4 月底至 5 月初开始孵化，5 月下旬大部分蝗蝻进入 3 ～ 4 龄，6 月初开始羽化，中下旬大量羽化。7 月初到 7 月中旬成虫交尾产卵。毛足棒角蝗产卵时

间在 8:30 ～ 17:30，集中产卵时间为 13:00 ～ 16:00，产卵高峰在 14:00
前后。毛足棒角蝗喜欢在含水量较低的土壤产卵，在土壤含水量为 4%
时，产卵量达到最高峰。

随温度的升高，产卵蝗虫的数量增加，产卵高峰与温度的最高值相
吻合。地温对蝗虫产卵的影响比气温具有更重要、更直接的作用。毛足
棒角蝗高龄若虫到成虫在中光照下发育最快。毛足棒角蝗种群密度随放
牧强度的加剧逐渐增加，在重度放牧地达到最高；但在过度放牧地突然
下降。

毛足棒角蝗为早期发生种、禾草 - 杂草取食者。硬度大、含水量低
的土壤有利于其产卵。围栏后植被生物量增加，裸地减少使毛足棒角蝗
的产卵量下降。

◆ 防治措施

生态治理，治理蝗虫产卵地，重点改造荒滩、沟渠、堤坡等特殊环境，
减少滋生地。当蝗虫种群密度发生量一般或较小时，可采用生物防治加
以控制，可选用印楝素、烟碱、苦参碱等植物源农药或绿僵菌、白僵菌
等真菌杀虫剂进行防治。抓住蝗虫防治适期，一般最佳适期是在 3 龄前；
掌握防治指标，参考值 13 ～ 20 头 / 米^2；当蝗虫种群密度发生量很大时，
应及时采用化学防治压低蝗虫虫口密度。常用的药剂有效氯氰菊酯、吡
虫啉、马拉硫磷等。

西伯利亚蝗

西伯利亚蝗是直翅目槌角蝗科大足蝗属的一种。

◆ **地理分布**

西伯利亚蝗在中国主要分布在新疆、内蒙古、黑龙江、吉林等地，也见于俄罗斯西伯利亚、蒙古。

◆ **形态特征**

西伯利亚蝗成虫体形中等偏小，雄性体长 17.1 ～ 23.4 毫米，雌性体长 19 ～ 25 毫米。体暗褐色。体形匀称，头顶端较钝，颜面倾斜，头侧窝明显，呈狭长四方形。雌雄两性触角顶端明显膨大，尤以雄性更为明显，膨大呈槌状。雄性前胸背板明显地呈圆形隆起，中隆线呈弧形；雌性前胸背板较平坦；前胸背板侧隆线明显，在沟前区呈弧形弯曲。前翅到达或略超过后足股节的顶端，缘前脉域基部明显膨大，中脉域很宽，有整齐的横脉。雄性前足胫节特别膨大，近乎梨形，甚易区别。

蝗蝻 4 龄，体色常为暗灰色、黑褐色或绿色。其中 3 龄蝗蝻颜面隆起不明显，仅在中单眼处微下陷。雄性触角端部加粗。前胸背板侧隆线明显弯曲。前胸背板横沟切断中隆线并延伸至侧板。前翅芽刚到达第一腹节，后翅芽到达第一腹节的 3/4 处。雄性生殖板明显突出，呈圆锥形。雌性下产卵瓣紧靠上产卵瓣。

西伯利亚蝗卵囊直或略弯曲；通常呈不规则长椭圆形；中部较粗，向两端渐细。卵囊长 8.0 ～ 16.0 毫米，宽 3.5 ～ 6.1 毫米，卵囊壁土质，由雌性产卵的分泌物粘上沙土而成，呈褐色或黑褐色，卵室较大，有卵 3 ～ 18 粒。

◆ **生物学习性**

西伯利亚蝗是草原害虫，寄主主要为禾本科、莎草科、菊科、葱科、鸢尾科植物等，包括羊茅、针茅、针叶薹草、草地早熟禾、冰草、天山赖草、狐茅、牛毛草、紫花苜蓿草、细柄茅、三棱草、野葱、蒲公英、马蔺、小麦等。西伯利亚蝗取食为害可导致植物茎叶破损。严重发生时，可将植物茎叶吃光。

◆ **生活史特征**

西伯利亚蝗在新疆每年发生 1 代，以卵在土中越冬。一般孵化盛期在 5 月上中旬，羽化盛期在 6 月上旬，产卵盛期在 6 月下旬，成虫交配后雄性常先于雌性死亡。蝗蝻各龄历期一般为：1 龄 13 天，2 龄 9～10天，3 龄 7～8 天，4 龄 13 天。西伯利亚蝗成虫从交配至产卵需 6～14天，产卵深度为 0.5～10 厘米。喜欢集中产卵，有时每平方米卵块可高达 400 个以上，产卵场所多在土质疏松、避风向阳、温度偏高而植被覆盖度较小的地方。

西伯利亚蝗蝻在湖滨、沼泽附近和沟谷内虫口密度明显大于其他生境。蝗蝻喜欢聚集在温度较高的场所，气温高时，蝗蝻爬上植株叶茎取食。气温较低时，则在草丛根部静止不动。西伯利亚蝗易扩散迁移，蝗蝻初孵化时常呈小群的点状分布，2 龄后开始扩散。羽化后，成虫常有较长距离的迁飞行为，其飞行高度为 40～50 米，有时高达 100 米以上，一次迁飞距离可达数百米，蝗虫的数量多为数百头至千头以上。

◆ **防治措施**

采用飞机、大型机械、背负式喷雾器喷药防治西伯利亚蝗。防治适期为蝗蝻 3 龄盛期，常用的药剂有菊酯类化学药剂、苦参碱和印楝素等植物源药剂、绿僵菌和微孢子虫等微生物制剂。在条件适宜的蝗害区采用牧鸡牧鸭和人工招引粉红椋鸟等天敌控制技术。

白纹雏蝗

白纹雏蝗是直翅目网翅蝗科雏蝗属的一种。

◆ 地理分布

白纹雏蝗在中国分布于宁夏、甘肃、青海、陕西、河南、新疆、内蒙古等地的典型草原。

◆ 形态特征

白纹雏蝗成虫体中小型，体色深褐色或草绿色。雌性个体比雄性大而粗壮。雄成虫体长 12 ～ 15 毫米，前翅长 7.5 ～ 10.0 毫米，后股节长 7.1 ～ 10.0 毫米；雌成虫体长 17.5 ～ 24.0 毫米，前翅长 9.5 ～ 13.0 毫米，后股节长 10.6 ～ 14.0 毫米。体褐色至深褐色，有的个体背部绿色。雄虫头大而短，较短于前胸背板。头顶锐角形，中部有一纵向棕黄色条带，两侧各有一油棕色色斑点围成的弧形条带，斑点较雌虫密。颜面稍倾斜。触角细长，超过前胸背板后缘，中段一节的长为宽的 1.3 ～ 2 倍。复眼较小呈卵形，其纵径为眼下沟长度的 1.5 ～ 1.8 倍。前胸背板平坦，近长方形，后缘钝角形，中隆线明显，侧隆线亦明显，在中部凹入呈明显的黄白色 X 形纹，沿侧隆线具黑色纵带纹，并在沟前区呈钝角形凹入；后横沟位于背板中部，沟前区与沟后区几等长；前缘平直，后缘钝角形。中胸腹板侧叶间中隔较宽，其最狭处等于或略小于侧叶的最狭处。前翅发达，中脉域具一列大黑斑，雌性前缘脉域具白色纵纹。后翅与前翅等长。后足腿节内侧基部具黑斜纹，其胫节黄或橙黄色。后足股节内侧下隆线具音齿 114 ~ 130 个。鼓膜孔呈狭缝状，其最狭处小于其长度的 5.5 ~ 9 倍。尾须短锥形，基部较宽。下生殖板馒头形，顶钝圆。阳具基背片及阳茎复合体。产卵瓣末端钩状。

白纹雏蝗卵囊大小为 5 毫米 ×10 毫米，在卵囊中有 17 ~ 23 粒不等的卵粒，平均 18 粒卵，卵粒并列抱团；卵为长椭圆形，浅黄色。

白纹雏蝗蝗蝻共 5 龄。1 龄及 2 龄蝗蝻俯观体中部有一纵向白色条带。3 龄蝗蝻俯观体中部有一纵向白色条带，前胸背板中部有一 X 状白色条带，两侧黑色。4 龄蝗蝻，俯观体中部有一纵向绿色条带，前胸背板中部有一 X 状白色条带，两侧黑色。5 龄蝗蝻前胸背板具明显的黄白色 X 形纹，中部有一黑色斑点带，侧隆线具黑色饰边。

◆ **生物学习性**

白纹雏蝗喜食长芒草和赖草，少食星毛委陵菜、阿尔泰狗娃花、达乌里胡枝子、稗草、冷蒿及猪毛蒿。白纹雏蝗是宁夏典型草原上的优势蝗虫，2010 ~ 2011 年在宁夏盐池、同心、固原、海原等地典型草原区暴发，受灾草场面积达 63.52 万公顷，占草场总面积的 26.03%，平均虫口密度 50 头 / 米 ^{2}，对典型草原的建群种长芒草造成严重危害。

◆ **生活史特征**

白纹雏蝗在中国宁夏地区每年发生 2 代，即每年有 2 个发生高峰期：第一批夏蝗和第二批秋蝗，以蝗卵在土中越冬。在宁夏典型草原上，白纹雏蝗越冬虫卵每年有 2 次孵化期。首批越冬虫卵 4 月中下旬开始孵化，5 月中下旬达到第一次孵化高峰期，6 月下旬至 7 月上旬逐步羽化为成虫后随即交配产卵，此时间段的白纹雏蝗称为"夏蝗"。第二批越冬虫卵 7 月中下旬开始孵化，8 月中下旬达到第二次孵化高峰期，9 月中下旬羽化为成虫交配产卵，此时间段的白纹雏蝗称为"秋蝗"。成虫有多次交尾多次产卵特性，产卵深度 1.5 ～ 2.0 厘米，卵囊中有 17 ～ 23 粒不等。

低温不利于白纹雏蝗发育，若虫在 13℃ 温度下不能蜕皮发育，成虫在 18℃ 温度下不能交配产卵。在 18 ～ 33℃，白纹雏蝗 1 ～ 5 龄若虫的发育历期随着温度的升高而缩短。

◆ 防治措施

在草原，白纹雏蝗为中期优势种，与其他种类混合发生，可采用菊酯类化学药剂或印楝素、绿僵菌等生物制剂进行防治。

第5章

有毒动物

河鲀

河鲀是鲀形目的一个鱼类类群。又称河豚。

"河豚"还是"河鲀",历来是混用的。因其体形似豚(猪),故在中国江苏、浙江一带称其为"河豚",多数情况下指的是鲀科东方鲀属的各种鱼类。这类鱼广泛分布于温带、亚热带及热带海域,是近海肉食性底层鱼类。

河鲀体呈椭圆形或短圆形;头背部宽圆;背鳍1个,无腹鳍。体表光滑或具小刺。上下颌齿分别愈合成上下各两个喙状牙板。其胃下部特化形成气囊,遇敌害能吸入水或空气,使胸腹部膨大如球,倒伏于水面以自卫。

早在公元前2500年的中国和埃及,人们就已知道河鲀有毒。西方人知道河鲀有毒来自英国航海家J.库克船长于1774年的航海日记,其船员食用河鲀后出现麻木和呼吸急促症状,而船上的猪吃了河鲀后次日凌晨发现死亡。

河鲀肉味鲜美、营养丰富,久为人们所喜食,中国沿海各地都有食用河鲀的习惯,但河鲀肝脏、卵巢和血液因含有河鲀毒素而有剧毒,尤其在繁殖期毒性更强。河鲀毒素的强毒性和稳定性，一般烹饪手段难以破坏，中毒后也缺乏有效的解救措施。因此，1990 年，中华人民共和国卫生部出台了《水产品卫生管理办法》，禁止河鲀流入市场；2011年该管理办法被废止。2011 年，国家食品药品监督管理局发布《关于餐饮服务提供者经营河豚（鲀）鱼有关问题的通知》，对鲜河豚鱼在餐饮业中进行了禁止。2016 年，随着人工养殖红鳍东方鲀和暗纹东方鲀被检测毒性下降以来，河鲀经无毒加工后才成为可安全食用的鱼类。

水 母

水母是刺胞动物在浮游生物中的主要代表。

◆ 分类

水母是海洋浮游生物的重要类群之一。除十字水母纲营附着生活，水螅虫纲桃花水母属系淡水产以外，所有水母都是海产且都是浮游的。除终生浮游的种类以外，大多数水母具有两种类型的基本体形，即水螅型和水母型，这两种体形往往出现在同一种的生活史中，成为两个不同世代——水螅型世代（无性世代）和水母型世代（有性世代），这两个世代的相互交替完成生活史，称为世代交替，是刺胞动物的一个重要特征。因此，水母系有性世代（除出芽生殖的水母外）统称为水母，分散在刺胞动物门的不同纲中，即水螅虫纲、钵水母纲和立方水母纲。水母的身体柔软、透明、体重轻和体含水分高等特点是适应浮游生活的一种机制。水母不但种类多、数量大，而且分布很广，遍及世界各海洋，约1000 种，中国已记载浮游水母约 550 种。

◆　**形态特征**

水螅水母亚纲（除管水母目外）的水母个体较小，单体，具有缘膜（除薮枝螅水母外）。中胶质层较薄，无细胞结构，生殖腺来自外胚层，生活史大多有世代交替现象，其外部形态包括伞部、缘膜、垂管、触手、刺胞和平衡囊等。管水母目的水母没有世代交替，群体呈多态现象，它包括若干变形的水螅型和水母型的个体。水螅型包括：营养体、指状体、生殖体等；水母型包括：泳钟体、浮囊体、生殖胞和叶状体等。

筐水母目和硬水母目的水母发育不经水螅型，直接发育。初级触手在内伞腔形成之前产生，无触手基球。

内伞腔和缘膜由环状褶皱和胚胎期口部的外胚层加深发育而成的钵水母个体较大，水螅体退化，而水母体很发达。因没有缘膜，又称无缘膜水母。中胶层厚，含有变形细胞。伞缘被缺刻分为若干缘瓣（lappet），在缺刻内有感觉器官和触手。

在冠水母类外伞中央有 1 条环沟，称冠沟（coronal groove），在冠沟下有若干辐沟，使外伞分成若干缘叶（pelalia）。大多数触手从缘瓣之间伸出，有些种类从伞表面伸出（如海月水母），有些种类触手从内伞伸出（如霞水母），有些种类如叶腕水母从缘瓣向外延伸触手。

◆　**胃管（消化）系统**

水母类的消循腔（gastro-vascular cavity）又称胃。其壁由内胚层构成，仅一端开口，食物从"口"进入消循腔。在水螅水母类中，介于"口"与消循腔之间有 1 个垂管，其长短随种类而异。有些种类的辐管也随着垂管下垂，这种垂管称为胃柄或口柄，又称假垂管。垂管的下端有口，在管水母类中，营养体才有消化器官，口开在营养体的末端。口的周围有简单环状口唇；有的具瓣状口唇或有皱褶发达的口唇，有的口唇具一圈刺胞，有的口唇延长称为口腕，其末端有刺胞球，有的在垂管的口上伸出简单或复杂分枝的口触手，其末端有球状刺胞。辐管从消循腔四周伸出，多数4条，也有8条、16条或更多条，辐管的末端与伞缘的环管连接，有的分枝辐管末端与环管连接；有的辐管从环管伸出不与消循腔连接，称为向心管。

钵水母的胃管系统比较复杂，由中央胃（内有胃丝）和胃管囊（又称胃管窦）组成。在冠水母中，中央胃的周围有4个间辐胃隔片和4个胃穴相间排列，中央胃在4个胃穴位置与胃管囊相通。旗口水母和根口水母没有胃隔片，中央胃与胃管囊相通。有些旗口水母和所有根口水母则有辐隔片，把胃管囊分成若干区，各区有分枝和不分枝的辐管（如海月水母），有的辐管联结成网状（如根口水母），根据主辐口唇的位置，从中央胃分出的辐管可分为主辐管、间辐管和纵辐管等。有些种类（如海月水母）的辐管与伞缘环管相通，有些种类（如海蜇）仅内伞中央的辐管与环管相连。在旗口水母中，胃管囊被隔片分开，在伞缘的辐管彼此也不相连，但有些种类在缘瓣上的辐管有分枝现象。钵水母伞的腹面有垂管，中央有口（海蜇中央无口，有许多吸口），胃丝位于中央胃的间辐位上，成束或排列成行。胃丝由内胚层细胞形成，丝上有腺细胞、刺细胞和肌肉细胞。食物进入胃腔后，被刺细胞杀死，并被腺细胞分泌的消化酶所分解、消化。营养物质被游走细胞输送到身体各部。

◆ **神经系统**

　　水母的神经包括神经网、神经节细胞和神经内分泌细胞3个方面：①神经网。神经细胞位于上皮肌细胞基部，与支持板上的伸缩突起相接近，每个神经细胞均有突起与邻近细胞的突起相连，形成统一的网状神经，而神经细胞在口缘、触手和伞部特别多。一般由伞部内的神经网与辐管平行的辐神经及围绕伞部边缘的神经环（在钵水母类一般没有）构成。②神经节细胞。典型的神经节细胞是包括神经细胞体的皮质区和一条中央神经毛，并有结缔组织覆盖，中央神经毛还有神经突。通常，神经节分布在触手基部和垂管基部下胃区较多，但神经节的数量少，如长管水母只有4个主辐位球状神经节，位于缘膜与有刺胞的触手基垫之间的触手基部内缘，每个神经节与较大的外神经环（外伞）相连接，并接受从背眼点伸来的2条视神经。此外，触手基部还有2条触手神经。所以，眼点的感光作用是被神经的传导所控制的。③神经内分泌细胞。一种具有特殊功能的神经细胞，具有产生颗粒泡的高尔基体的功用，这种颗粒泡代表神经内分泌的物质，平均直径100～120微米，内分泌物质为缩氨酸特性，与其他神经细胞有别。

◆ **感觉系统**

　　感觉系统包括色素细胞、平衡囊和感觉器官3种形式：①色素细胞。主要集中或分散在上皮层里，与上皮层的感觉细胞相联系。水螅水母类大多集中在触手基部的眼点上，而钵水母类则在感觉器官上，但管水母类和有些钵水母类还有少数分散的色素细胞。一般眼点的色素是由内外胚层产生的，有红色、棕色、黑色，其间杂有感觉细胞，起感光作用。

②平衡囊。表皮上的一个小囊，为机械感受器，起平衡作用，由一些感觉细胞、平衡石以及上皮细胞组成。多数软水母和淡水水母及所有硬水母和筐水母都有平衡囊，但管水母类和钵水母类却没有平衡囊。平衡囊可分为两大类：其一，由外胚层产生的开放型和关闭型平衡囊，如软水母；其二，由内外胚层产生的游离感觉棒和内包感觉棒，如淡水水母、硬水母和筐水母。③感觉器官。在钵水母类的伞部边的缺刻内有一个缘感觉器官，包括1个棒状感觉棍，它是感觉管凸出的小盲管，感觉棍由感觉球和平衡囊组成，位于感觉凹内，两侧有缘瓣保护，上面盖有一片笠。

◆ **生物学习性**

食性

水母大多是肉食性动物，它们借助触手捕取小型生物，利用触手上的刺胞把小动物杀死，如管水母类的小型水母，体长仅11厘米，但当触手丝伸出时长达5米以上，在水中来回移动，收缩或展开，捕取小动物；又如霞水母，内伞具长而多的触手，在浮游时触手散开，网罗食物。

水母类的饵料主要是各类浮游动物，包括甲壳动物、软体动物、浮游幼虫、原生动物以及仔、稚鱼等。水母的捕食不仅影响到浮游动物种群数量的变化，而且还影响到植食性桡足类数量的减少，可进一步导致以硅藻为主的二次水华的发生。因此，水母在整个海洋生态系统中有着重要的调节作用。

刺胞毒素

对刺胞毒素的生物化学、药物学、毒物学等方面研究证明：管水母类的僧帽水母和方水母类的澳洲箱水母的触手具有神经毒素和肌毒素，毒素可使神经性和肌肉性心跳停止；还有方水母类的八胃撑状水母的触手具有溶血性、致死性和皮坏死性 3 种毒素性质，这些毒素的研究已引起医药界的重视。

寄生

水母类寄生有两种类型：①动物寄生在水母体上。如马蹄水母的中胶层内有吸虫类的鳞肌吸虫的尾蚴寄生，影响宿主的生长和发育，有些尾蚴寄生在水母的垂管和胃壁上。②水母寄生在另一种水母体上。如筐水母类的水母有寄生在另一种水母体上的现象。已知八囊摇篮水母幼体寄附在刺胞水母、海冠水母、芽体拟镰蟾水母、灯塔水母、波状感棒水母、半口壮丽水母、枝管怪水母、四叶小舌水母和半球美蟾水母等宿主的内伞及垂管上，如中国厦门港八囊摇篮水母寄生于半球美蟾水母宿主的内伞腔上。

◆ 生活史特征

所有水母的发育均经过浮浪幼虫时期。该幼虫经受精过的合子通过原肠发育形成有纤毛的、可游动的原肠，称为浮浪幼虫，有刺胞，有不同的神经细胞和腺细胞，常有间细胞。大多数浮浪幼虫在水中漂浮一段时间后进入附着生活，变态成水螅体，然后以无性生殖产生水母体、真水母体（eumedusoid）或水螅体。其生活史模式有：①水母体—浮浪幼虫—底栖水螅体—水母体。②底栖水螅体—浮浪幼虫—底栖水螅体。③浮浪真水母体—浮浪幼虫—底栖水螅体—浮浪真水母体。

有的浮浪幼虫经过拟辐射幼虫直接发育浮游水母体，如筐水母和硬水母；有的浮浪幼虫发育成浮游水螅群体，如花水母。管水母爪

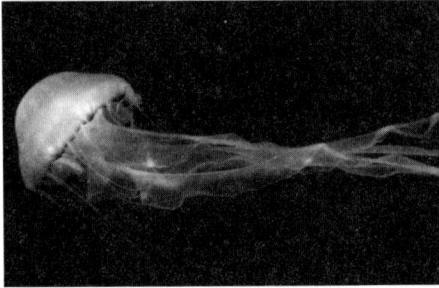

霞水母

室水母的发育可分 4 个时期：①幼体期（larva phase）。包括带有早熟泳钟体的个体。②多营养体期（polygastic phase）。处于幼体期与单营养体期之间的生长期，包括泳钟体、营养体、芽生体、叶状体及生殖体等。③单营养体（eudoxid phase）。释放游离成熟个体的生殖泳钟之前的最后生长阶段，包括叶状囊的叶状体、触手、营养体，有或没有泳钟体。④游离成熟的水母体期（free adult medusoid phase）。营自由浮游生活的生殖体。

◆ 危害

水母的危害包括以下 4 个方面：①有些大型水母，如霞水母等在繁殖盛期大量出现时，会阻塞、破坏渔网，使渔获减低。②有些方水母具有极毒刺胞毒素，对水下活动的人有生命威胁。③许多水母大量捕食经济鱼、虾、贝类的幼体，破坏渔业资源。④小型水母有昼夜垂直移动习性，当大量聚集在某水层时（数量为 300 个 /1000 米^3），就会形成声散射层，阻碍声波在海水中的传播。

◆ 价值

水母的价值包括以下方面：①有些钵水母是渔业捕捞对象，如海蜇在中国成为海蜇渔业，其主要种类是海蜇、黄斑海蜇，还有叶腕水母等。②作为指示生物。水母在海洋中的分布很广，与其他生物一样，不同种类对温度、盐度的变化有不同适应范围。有些种类只能适应较狭范围的温度、盐度变化，因此分布较狭，如钵水母类的北极霞水母仅分布于北冰洋，可作为寒流的指示生物；又如银币水母、帆水母、七棱浅室水母和海冠水母等仅分布于热带海洋，可作为暖流的指示种；另有一些种类仅分布于河口，如贝氏拟线水母，可作为河口冲淡水的指示种；有些种类分布于深海，如盔形双体水母和玫瑰水母等，可作为上升流指示种。

金环蛇

金环蛇是蛇目眼镜蛇科环蛇属的一种。别称金脚带、金甲带、金报应、铁包金、黄金甲、黄节蛇等。

◆ **地理分布**

金环蛇在中国分布于江西、福建、广东、广西、云南、香港、澳门及海南，国际上分布于南亚、东南亚。

◆ **形态特征**

金环蛇头呈椭圆形，与颈略可区分，体较粗大，尾末端圆钝。通身具有黑黄相间的宽大的环纹，躯干部 20 ～ 28 个，尾部 3 ～ 5 个，头背部有一个"∧"形的黄白色斑点。背鳞平滑，通身 15 行，脊鳞扩大呈六角形，且隆起呈明显的棱脊。尾略三棱形，尾下鳞单行。

◆ **生物学习性**

金环蛇栖息于海拔 180 ～ 1014 米的平原、丘陵和山地，常见于水域附近或潮湿的地方，多于夜间活

金环蛇成体

动。以鱼、蛙、蜥蜴、蛇、蛇卵、鼠类等为食。该蛇有护卵习性，行动缓慢，不主动攻击人。

◆ **生活史特征**

金环蛇卵生，5～6月产卵，每窝产8～12枚卵。

◆ **保护措施**

金环蛇已被中国列入《国家保护的有益的或者有重要经济、科学研究价值的陆生野生动物名录》，《中国脊椎动物红色名录》将其评定为濒危（EN）等级物种，《世界自然保护联盟濒危物种红色名录》将其列为无危（LC）等级物种。

◆ **危害**

金环蛇的蛇毒以神经毒为主。虽然金环蛇不主动攻击人，但人夜间走路踩到或者对其进行捕捉时容易被咬伤。被金环蛇咬伤后，会导致外周性呼吸麻痹和呼吸衰竭，心脏毒素可引起心肌损伤，甚至循环衰竭，导致死亡。

◆ **经济价值**

金环蛇与眼镜蛇、灰鼠蛇合称"三蛇"，是著名的食用蛇种。在中国传统医学中可入药或被制为保健酒，用以治疗风湿麻痹、手足瘫痪、关节肿痛等症。

银环蛇

银环蛇是蛇目眼镜蛇科环蛇属的一种。别称金线白花蛇、白节蛇、百节蛇、银脚带、竹节蛇、白带蛇、节节乌等。

◆ **地理分布**

银环蛇在中国分布于安徽、江苏、浙江、江西、湖北、湖南、贵州、广西、云南、福建、台湾、广东及海南等地，国际上分布于缅甸、越南北部地区。

◆ **形态特征**

银环蛇全长 1 ～ 1.8 米。吻端圆钝，鼻孔大，眼较小，头椭圆形，与颈略可区分，上颌骨前端有 1 对前沟牙，有 3 枚普通上颚齿。体较细长，尾末端尖细，体尾背面具黑白相间的横纹，黑纹较宽，腹面全为白色。背鳞通身 15 行，正中一行脊鳞扩大呈六角形。尾下鳞全为单行。

◆ **生物学习性**

银环蛇沿海低地、平原、丘陵至海拔 1300 米的山区均有分布。傍晚或夜间常于近水处活动，曾被发现于路旁、水田边、坟地、菜园、乱石堆等处。以鱼类、蛙、蜥蜴、蛇和鼠类等为食。

银环蛇的病原生物为奇异变形杆菌、霉菌、寄生虫等，往往会导致蛇患上霉斑病、口腔病和急性肺炎等疾病，危害蛇类健康。

◆ **生活史特征**

银环蛇卵生。卵常黏在一起，6 ～ 8 月产卵，每窝产卵 3 ～ 18 枚，卵径（29 ～ 52）毫米 ×（16.5 ～ 19）毫米。孵化期 1 ～ 1.5 个月，孵出仔蛇全长 20 ～ 27 厘米，3 年后性成熟。

银环蛇成体

◆ **保护措施**

加强对养蛇企业的监督管理，严格审批经营许可证。银环蛇已被中国列入《国家保护的有益的或者有重要经济、科学研究价值的陆生野生动物名录》，被《中国脊椎动物红色名录》评定为濒危（EN）等级物种，被《世界自然保护联盟濒危物种红色名录》评为无危（LC）等级物种。

◆ **危害**

银环蛇的蛇毒以神经毒为主，1 次排毒量约为4.6毫克。昼伏夜出。4 月出蛰，11 月冬眠。性情温顺，动作缓慢，一般不主动攻击人，在繁殖和孵化期受到干扰或者惊动时会突然攻击人。

银环蛇咬伤占中国各类毒蛇咬伤人事件的 8.12%，被咬伤后 2 ～ 8 小时出现呼吸困难，常因呼吸麻痹而死亡。

◆ **价值**

在中国传统医学中，孵出 7 ～ 10 天的银环幼蛇干制入药，称"金钱白花蛇"，有祛风除湿、定惊搐之功效，可治风湿瘫痪、小儿惊风抽搐、破伤风、疥癣和梅毒等症；蛇胆可治小儿高烧引起的抽搐。

蝰　蛇

蝰蛇是蛇目蝰科圆斑蝰属的一种。别称金钱豹、百步金钱豹、金钱斑、古钱窗、黑纹蝰蛇、圆斑蝰、黑斑蝰等。

◆ **地理分布**

蝰蛇在中国分布于福建、广东、广西、湖南、台湾及云南等地，国际上分布于缅甸中部与南部、泰国中部、柬埔寨及印度尼西亚等地区。

◆ 形态特征

蟒蛇成体全长 101～110 厘米，头较大，略呈三角形，与颈部区分明显。体粗壮而尾短，鼻孔大，位于头背侧。体尾背面棕褐色，有 3 行深色大圆斑。头背部有深棕色斑 3 个，背脊中央一行 30 个左右，较大，其两侧各一行略小，而与前者交错排列。圆斑中央紫色，周围黑色且镶有黄色细边；在每两行 3 个圆斑之间尚有 1 个黑褐色点斑。腹面灰白色，尾腹面灰白色并散有细黑点。背鳞 29(27～31)–29(27～33)–21(23) 行，除两侧最外行，其余均明显起棱。腹鳞 151～166 行。尾下鳞 40～54 对。

◆ 生物学习性

蟒蛇栖息于亚热带平原、丘陵、山区，多发现于开阔的田野，垂直分布于低地到海拔 2100 米范围。以鼠、鸟、蛇、蜥蜴和蛙类为食。

蟒蛇为管牙类毒蛇，排毒量约为 44.4 毫克。蛇毒为血循毒，成体蛇毒中以金属蛋白酶、磷脂酶 A2、L- 氨基酸氧化酶、丝氨酸蛋白酶和 C 型类凝集素为主。由于该种分布范围广，其毒液生化酶活力及致死毒性也存在较大的地区差异。昼夜均见活动，常盘曲成团，行动迟缓，袭击目标时，躯干前部先向后屈，再猛然离地面向前咬目标，并有咬住不放的特性。受惊扰后身体不断地作膨缩状，并连续发出"呼呼"声。

◆ 生活史特征

蟒蛇卵胎生。2、4 及 11 月均见交配，妊娠期 6～8 个月，8～10 月产仔，产仔 1～22 条，平均 11 条。幼蛇全长 21～25 厘米。

◆ 保护措施

蝰蛇已被中国列入《国家保护的有益的或者有重要经济、科学研究价值的陆生野生动物名录》，被《中国脊椎动物红色名录》评定为濒危（EN）等级物种，被《世界自然保护联盟濒危物种红色名录》列为无危（LC）等级物种。

◆ 危害

被蝰蛇咬伤后，患者局部可见两个大的牙痕，疼痛肿胀随即蔓延，伤口处渗出组织液或起血泡，伤口周围有淤血。全身表现为头晕、乏力、皮下或内脏出血、休克，严重者并发心、肺、肾等功能衰竭，导致多器官功能障碍综合征而死亡。

◆ 价值

在中国南方地区，常用蝰蛇炮制蛇酒。临床上，曾用 0.1% 蝰蛇毒溶液、0.05% 摩 / 升氯化钙溶液及富含血小板的血浆各 0.1 毫升，混匀后置于 30℃ 水浴保温测定血液凝固时间，以诊断先天性 X 因子或Ⅶ因子缺乏症。

杀人蜂

杀人蜂是膜翅目蜜蜂科蜜蜂属的一种。又称非洲化蜜蜂。

杀人蜂是由原产于非洲的非洲蜜蜂的亚种（东非蜂或西非蜂）与南美洲的欧洲蜜蜂的亚种（意大利蜂或欧洲蜜蜂）自然杂交形成的种群。非洲蜜蜂对热带及亚热带干旱气候的适应性及繁殖力均很强，但性凶猛，具群体攻击性。1956 年，巴西遗传学家从南非引进数十只东非蜂蜂王诱入蜂群试验，其中 26 只蜂王于 1957 年逃逸，在自然界中与当地欧洲蜜蜂杂交产生的后代被称为非洲化蜜蜂，遗传了非洲蜜蜂的凶猛性，并成群追逐靠近或干扰其蜂巢的人、畜，致使人、畜死亡，故被称为杀人蜂。

经过与欧洲蜜蜂若干代杂交后，杀人蜂的凶暴性已有所减弱，在巴西产蜜量已显著提高。随着时间的推移，杀人蜂逐渐向北美洲扩散，已扩散至美国南部的一些州。美国科学家利用先进的探测器，可探知杀人蜂的情况并发出警报。

杀人蜂属于社会性昆虫，群体内有明确分工，雌性为蜂王，产卵并以蜂王激素维系群体；雄性交配后不久即死亡；工蜂数量多，负责清理及构筑巢室、抚育幼蜂、采食蜂粮（花蜜及花粉）及调节巢温等。

红火蚁

红火蚁（Solenopsis invicta）是膜翅目蚁科火蚁属的一种。拉丁名意指无敌的蚂蚁。红火蚁在国际上被列为极具破坏性和攻击性的入侵生物之一，对于全球所有气候合适的地区都是一个潜在的威胁。

◆ 地理分布

红火蚁原分布于南美洲巴西、巴拉圭与阿根廷等国，后陆续传入美国、加勒比海地区各国、新西兰、澳大利亚、亚洲部分国家及多个太平洋群岛等国家和地区。中国于 2004 年首次出现在台湾地区，之后陆续在广东、广西、海南等 11 个省（自治区、直辖市）为害。

◆ **生物学习性**

红火蚁的结节或"腰"为两节。工蚁呈现体形大小多态性，体长 2.2～6.0 毫米，唇基中齿发达，长约为侧齿的一半，触角为 10 节且末端两节膨大。腹部末端具螯针。体色通常为红褐色且腹节呈黑色。

红火蚁为土栖种类，成熟蚁巢会有凸出地面的蚁丘，当蚁丘受惊扰时，工蚁会迅速冲出并主动攻击入侵者。人被红火蚁蜇后第二天通常会出现白色的脓疱。

早期的生物学特性研究发现，红火蚁群为单个蚁后（单后型）。直到 1972 年，越来越多的报道发现多蚁后蚁巢（多后型）。多蚁后群体相继在美国佛罗里达州、密西西比州、路易斯安那州、得克萨斯州和乔治亚州发现，且更频繁地出现在这些区域的西部边缘地区。

多后型群体较之单后型有以下特点：①蚁巢隆起的土丘互相接近，并且每公顷单位空间内数量很多。②蚁群内部大型工蚁数量较少。③邻近蚁巢的工蚁之间没有攻击行为。④蚁后的体重和产卵量均较单后型的低。但在整个多蚁后型蚁群中，由于同时多个蚁后产卵，其产卵数量仍高于单蚁后型蚁群的产卵数量。

◆ **生活史特征**

红火蚁工蚁的寿命取决于它们的个体大小。小型工蚁可存活 30～60 天，中型工蚁为 60～90 天，大型工蚁则为 90～180 天，蚁后可活 2～6 年。从卵到成虫的整个生命周期需要 22～38 天。

婚飞是红火蚁群体繁殖的主要方式，分巢也可让一部分蚁群成为一个自治单位。当蚁群发展到 1 年后即可产生繁殖蚁。一年中每个蚁巢可发生 6 ～ 8 次婚飞，只要天气合适，一年四季均可婚飞。婚飞通常发生在降水后的第二天温暖（＞ 24℃）、有阳光的中午。婚飞过程中雌雄蚁进行交配，雄性在与雌性交配后不久就死亡。在美国南部地区，每公顷地每年大约可产生 23.95 万头蚁后。

婚飞后，常常会看到新交配的蚁后在隐藏处聚集在一起。这种新交配的蚁后聚集和合作的方式有助于该蚂蚁建立新的群体。随着群体种群数量的增加，单蚁后型的群体除一头蚁后，其余所有蚁后会被杀死，而多蚁后型的群体中蚁后则不会出现这种自相残杀现象。

一旦雌性繁殖蚁交配后，其翅膀会自动折断，并找一个合适的地方建立自己的新蚁群，通常会选择在岩石、叶片下面或者人行道、车道等的缝隙或裂口里。蚁后会钻入土中挖土建立小巢穴，以防天敌的捕食。在交配后的 24 小时内，蚁后产卵量在 10 ～ 15 粒，卵在 8 ～ 10 天内孵化。当第一批卵孵化后，蚁后产卵量达 75 ～ 125 粒甚至更多。幼虫期通常持续 6 ～ 12 天，蛹期 9 ～ 16 天。新交配的蚁后停止产卵，直至第一批工蚁成熟，才开始产第二批卵，这个过程需延续 2 周至 1 个月。蚁后用素囊反刍的油、营养卵和唾液腺分泌物喂养第一批年轻的幼虫，蚁后的四翅肌肉不再需要，分解后为低龄幼虫提供营养。

由于蚁后供给的营养受限，第一批工蚁通常个体较小。这批工蚁往往又被称为迷你工蚁，随后即开始为蚁后和新的幼龄幼蚁觅食并喂养它们，开始建巢并形成蚁丘。之后 1 个月内，大型工蚁出现，蚁巢也逐渐扩大。在 6 个月的时间里，群体可达几千头工蚁，从一块田地或草地上可以看到土丘。在这种规模下的蚁巢中有少量大工蚁（大型工蚁）、许多中等大小的工蚁（中型工蚁）、大多数的小工蚁（小型工蚁），这3种类型的工蚁全部是不育的雌蚁，负责执行维持该群体所必需的任务。对于成熟的红火蚁群，可能拥有几十万头工蚁。蚁后是卵的唯一生产者，大概每天能产出 1500 粒卵。

工蚁主要收集动物尸体，包括昆虫、蚯蚓和脊椎动物等。此外，工蚁还行使蜜露的收集任务，常潜入民房觅食含糖、蛋白质和油脂类的食物。幼蚁在 3 龄之前，只需喂食液体食物。当发育至 4 龄期时，可消化固体食物。此时，工蚁把富含蛋白质的食物储存在幼虫口器前部的凹陷中，幼虫通过分泌消化酶来分解固态食物，并反刍给工蚁，工蚁再将这些被消化的蛋白喂食给蚁后，以支撑和补充产卵所需营养。只要食物充足，蚁后产卵量就会增加。

◆ 危害

红火蚁螯针中的毒液含有一种自燃生物碱的毒素，具有很强的神经毒素活性。毒液中 95% 的成分是这种生物碱，被叮咬后即刻会感觉被烈日灼烧似的疼痛，第二天产生白色的脓包。毒液剩下的成分主要是蛋白质、多肽或小分子的水溶液，这些物质通常会引起超敏感体质个体产生过敏反应，甚至休克。通常，工蚁用上颚咬住皮肤，随后降低柄后腹节把螯针刺入受害者体内。因此，红火蚁既咬人又螯人，但是仅有螯人会造成脓包和刺痛感。红火蚁叮咬导致人员伤亡已成为一个非常严重的公众卫生事件。据估计，在美国，每年每户家庭防治红火蚁的成本约为 36 美元，各个州和联邦政府机构每年花费在防治或消除红火蚁的费用总计达 250 亿美元。一些私人机构和个人每年也要花 25 亿～ 40 亿美元来购买防治红火蚁的化学药剂。

此外，红火蚁还对医药和环境也产生危害，在中国和美国也是一种入侵害虫。农业上，红火蚁频繁地侵入豆科植物，如大规模的侵袭会导致豆科作物严重减产。此外，还可入侵为害玉米、白菜、茄子、土豆、甘薯、花生和向日葵等。红火蚁侵害这些作物的根系、机械咬断根或者取食作物幼嫩的茎，导致作物直接受损和生长受阻。在城市设施中，红火蚁在草地、人行道、基础设施、电气设备箱及混凝土车道内建立巢穴。一旦下大雨，为躲避雨水，蚁群整体搬到较高的地方或居民宅中影响居民生活。如果在露台和人行道上筑巢，可能会导致混凝土板倒塌并对行人造成威胁和伤害。据相关报道，红火蚁发生地会导致啮齿动物和鸟类筑巢数量的减少。在某些情况下，红火蚁几乎可消灭在建筑区域内的所有筑巢动物。

◆ 防治措施

红火蚁频繁地侵入家庭草坪、学校草地、运动场、高尔夫球场、花园及其他娱乐场所。因此，对其实施防治时，电器设备和公共住房、花园、花坛、人行道裂缝、堆肥桩和其他水体周围都应被列入考虑的范围。对于红火蚁的管控，通常有 3 种有效的方法，即单个蚁巢处理、区域范围内散播处理和生物防治。

单个蚁巢处理

单个蚁巢处理方法很多，尽管很少能实际意义上消灭蚁群，但其主要的优点是很多方法都可供业主和防治人员选择。然而，单个蚁巢处理最大的缺点是，必须定位每个蚁巢才能进行处理。当本地蚂蚁和红火蚁位于同一区域时，单独处理蚁巢可保护本地蚂蚁，获益最大。对于再次发生的区域，区域散播处理和单个蚁巢处理同时使用效果更佳。单个蚁巢处理最常用的方法主要有以下 4 种：①灌巢。往蚁巢上灌溉大量的有毒杀效果的药液。这种方法有可能因为蚁后在蚁巢深处而不被杀死，从而导致蚁群未能得以有效控制。②表面撒颗粒剂。这种方法类似于灌巢。将颗粒状的杀虫剂喷撒在蚁巢顶部，然后再浇水灌溉。③撒施粉剂。将蚁丘大强度破坏干扰后撒施触杀性粉剂，工蚁身上沾满粉剂后再通过爬行传递给其他蚁群同伴，最后杀灭整个蚁群。粉剂往往能较有效杀死整个蚁群，但不适用于蚁巢不明显的区域。④撒播毒饵。毒饵可以用于单个处理蚁巢和大范围撒播来防治红火蚁。少量的诱饵喷撒在土丘上，工蚁觅食后，将诱饵带回巢，喂食给其他工蚁和蚁后。这种防治方法效果比较缓慢，但是比灌巢、投放颗粒剂或者熏蒸更为有效。

区域范围内散播处理

颗粒剂等毒饵产品可用于大面积撒播处理，这些饵剂大范围撒播，被工蚁发现后，带回蚁巢并饲喂给蚁后和其他成员。虽然这是一种很有效的防治方法，但是也存在一些问题：①一部分毒饵可能被撒播在工蚁找不到的位置。②一些蚁群已取食足够食物不再取食毒饵。③一些饵剂对光敏感，在蚂蚁发现毒饵前已失活。④这些毒饵对红火蚁的毒杀作用并非特异性，还会伤及其他本地蚂蚁。

生物防治

生物防治的主要方法是引进红火蚁的天敌。在原产地两种有效的病原菌，分别是微孢子虫类原声动物门生菌门小芽孢真菌和真菌贝氏菌属球孢白僵菌；同时，还有两种来自南美的寄生蚤蝇，这两种寄生蚤蝇可在红火蚁工蚁发育至老熟阶段将其杀死。

本书编著者名单

编著者 （按姓氏笔画排列）

于永浩	王广君	王文峰	王恩东	毛佐华
史丽	付文博	付永锋	付和平	冯萌
边疆晖	吕宝乾	刘少英	刘晓辉	闫凤鸣
许振祖	许益镌	农向群	严川	李权
李波	李鸿筠	李朝品	杨定	邹波
张涛	张琛	张泽华	张洪茂	陈斌
陈学新	陈炳旭	林峻	林隆慧	易现峰
金涛	宛新荣	赵吕权	袁帅	贾举杰
徐学农	高建芳	郭鹏	郭东晖	董辉
蒋明星	覃振强	程训佳	鲁莹	雷仲仁
鲍宝龙	戴昆			